U0165204

人机共舞

AIGC时代的
工作变革

［美］大卫·施赖尔（David Shrier）◎著

姜振东 王天羽◎译

Augmenting Your Career

How to Win at Work in the Age of AI

中国科学技术出版社

·北 京·

AUGMENTING YOUR CAREER: HOW TO WIN AT WORK IN THE AGE OF AI
by David Shrier/ISBN:978-0-34942-544-3
Copyright © Visionary Future LLC 2021
First Published in the United Kingdom in the English language in 2021 by Piatkus, an imprint of Little, Brown Book Group.
Simplifed Chinese translation copyright 2023 by China Science and Technology Press Co., Ltd.
All rights reserved.

北京市版权局著作权合同登记　图字：01-2023-2946。

图书在版编目（CIP）数据

人机共舞：AIGC 时代的工作变革 /（美）大卫·施赖尔（David Shrier）著；姜振东，王天羽译 . — 北京：中国科学技术出版社，2024.1

书名原文：Augmenting Your Career:How to Win at Work in the Age of AI

ISBN 978-7-5236-0294-2

Ⅰ . ①人… Ⅱ . ①大… ②姜… ③王… Ⅲ . ①人工智能 Ⅳ . ① TP18

中国国家版本馆 CIP 数据核字（2023）第 220139 号

策划编辑	申永刚	执行策划	杨少勇
责任编辑	杜凡如	版式设计	蚂蚁设计
封面设计	仙境设计	责任印制	李晓霖
责任校对	邓雪梅		

出　　版	中国科学技术出版社
发　　行	中国科学技术出版社有限公司发行部
地　　址	北京市海淀区中关村南大街 16 号
邮　　编	100081
发行电话	010-62173865
传　　真	010-62173081
网　　址	http://www.cspbooks.com.cn

开　　本	880mm×1230mm　1/32
字　　数	140 千字
印　　张	6.5
版　　次	2024 年 1 月第 1 版
印　　次	2024 年 1 月第 1 次印刷
印　　刷	河北鹏润印刷有限公司
书　　号	ISBN 978-7-5236-0294-2/TP·460
定　　价	69.00 元

（凡购买本社图书，如有缺页、倒页、脱页者，本社发行部负责调换）

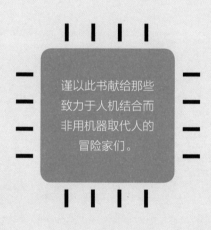

谨以此书献给那些
致力于人机结合而
非用机器取代人的
冒险家们。

神奇啊！这里有多少好看的人！人类是多么美丽！啊，新奇的世界，有这么出色的人物！①

──米兰达，《暴风雨》第五幕第一场

---

① 摘自莎士比亚戏剧《暴风雨》朱生豪译本。──译者注

序言

世界上最棒的国际象棋棋手是谁?

你可能会猜芒努斯·卡尔森 [1](Magnus Carlsen),那你就错了。

你又可能猜是 IBM(国际商业机器公司)的认知计算系统沃森(Watson)或谷歌公司旗下的阿尔法围棋(AlphaGo),那你还是错了。

最好的棋手是一个排名中等的人类加上一个优秀的人工智能系统。我们称这些人机混血儿为"半人马",它们才是未来。

至少,它们是一种可能的未来。

在一个人工智能取代了 99% 的人类劳动的假想世界中,如果没有全民基本收入 [2](universal basic income),社会就无法运转。我认为那将是一个充满抑郁的世界,一个电影《机器人总动员》中的反乌托邦的明天。

许多人担心人工智能会摧毁我们,带给我们甚至类似于《终

---

[1] 挪威国际象棋职业棋手,特级大师,已获 5 届世界冠军。——译者注

[2] 一种未来经济方案,指没有条件、资格限制,不做资格审查,每个公民皆可定期领取一定金额的金钱,由政府发放给全体公民,以满足公民的基本生活条件。——译者注

结者》电影 ① 的明天——机器人大军在统治战争中追捕最后幸存
的人类，这是一种源于事实的恐惧。

让我们看看自动化已经为社会做了什么，以及对社会做了
什么。

20 世纪 80 年代，在英国南约克郡，随着钢铁行业经历了重
大的自动化、调整重组和离岸外包等变动，一代金属工人被永久
解雇。一代人（大部分是男人）再也不会被雇用了。可以说，对
社会对待选民方式的不满导致了选民的不悦，这引发了 2016 年
英国脱欧公投。

而在此次公投中，人工智能发挥了作用。留欧派提出的理由
很不充分，而脱欧者提出的论据则令人信服。在这种不稳定和不
确定的环境中，某些机构借助大型社交媒体平台（尤其是脸书）
的"人类 + 人工智能"混合系统进行干涉。一些学者认为，人
工智能在帮助投票支持英国脱欧上扮演了决定性角色——原本两
派差距非常小，但人工智能在中间施加了影响。这些由人类智能
（一群训练有素的人）与人工智能分析协同工作的混合系统，帮
助选定和放大有助于打破投票平衡的"假新闻"信息。

人们进一步认为，对英国脱欧公投采取的行动只是针对晚
些时候，即同年秋天美国总统大选的那次更大规模行动的一次
"演习"。

2016 年美国总统大选中密歇根等州拥有关键选票，其原因

_____

① 美国著名科幻电影系列，第一部于 1984 年上映。——译者注

可以追溯到 20 世纪 80 年代到 90 年代汽车工业的自动化。当时，铁锈地带① 的各州遭受过重创，主要是男性的一代人永久失业。这些人大部分是白人蓝领，就业之初曾得到承诺可获得有工会保障的铁饭碗，却在 57 岁、47 岁或 37 岁时就失业了，前路一片迷茫。经济混乱是多么严重，底特律的废弃街区竟被改造成了僵尸生存主题公园（没错，这是真的）。这些州的经济至今仍未完全恢复——2008 年经济危机后的复苏显然是不均衡的，铁锈地带被抛在了后面。

　　2016 年美国总统大选就是在这种环境下进行的。民主党又一次派出了一名有瑕疵的候选人，就像他们以前所做的那样；共和党人则有效地利用了正确和错误的双面信息。二者的票数差距相当小——事实上，希拉里赢得了普选，但选举人团（美国土地至上历史的遗产）的机制使特朗普最终赢得了总统大选。17 个美国情报机构一致表示，有网络团体干预了选举。我们知道，设立选举人团是为了在人口大州和人口小州之间实现权力平衡。在如今的实践中，这意味着一些州（被称为"摇摆州"）的选票比其他州的选票对美国总统的选举有更大的影响。而在此次选举中，"人类＋人工智能"混合系统在大规模宣传活动中，通过脸书向超过1.25 亿成年美国人传递了 10 亿条"假新闻"并留下了印象，其中就包括铁锈地带中的选民。据《纽约时报》和其他媒体报道，复杂的"人类＋人工智能"混合系统来放大可以影响投票的信息，

---

① 指美国北部从 1980 年左右开始经历衰退萧条的老工业地区。——译者注

而被利用的人们则受到这类系统的煽动，被圈养在"巨魔农场"（troll farm）中。

就这样，这两次人工智能能力的干预，都影响了投票的最终结果，进而对社会产生了深远的影响。

那些都还只是在一年之内。

麻省理工学院斯隆学院的埃里克·布林约尔弗森（Erik Brynjolfsson）教授是《机器，平台，群众》（*Machine, Platform, Crowd*）的作者，他认为第四次工业革命与人工智能驱动的工作转移在范围、规模和影响上与第一次、第二次工业革命不相上下。前两次工业革命导致美洲殖民地挣脱了英国，法国、俄国推翻了各自的贵族，埋下了世界大战的种子。它们还给我们带来电话、铁路、现代医学和现代民主。第三次工业革命的标志是计算机和现代通信网络的出现，而我们今天所处的第四次工业革命是由互联网等先进技术以及最重要的人工智能的应用发展而来的。

这场革命仍然活跃且十分出彩。谷歌大中华区前总裁李开复认为，在未来几年内，50%的工作岗位将被人工智能取代。但他也许还是太保守了，我在2019年达沃斯举行的世界经济论坛年会上曾听到企业负责人之间的悄悄话，他们说99%的劳动力发生了转移——100份工作中有99份被扔进了垃圾箱。这里提到的工作不只分布在金融服务业，它遍布了人类事业的每一个领域。

那就是我们的宿命吗？世界由精英通过人工智能蛊惑民众，从而筛选出个别人来统治，而大多数人则帮闲凑趣或失去工作？

当然不是如此。人工智能的核心是由人类和人类社会创造的技术。它应该由我们决定如何塑造，如何为社会所用，以及如何处理个体自身的职业生涯，以帮助我们在人工智能赋能的未来成为赢家。

埃森哲咨询公司首席执行官朱莉·斯威特（Julie Sweet）在达沃斯的一个小组会议上向我宣称，埃森哲咨询公司已经将人工智能所节约的成本的 60% 投资于培训被取代的工人。目前，埃森哲咨询公司已经投入了大量资金来招募和培训这些人。朱莉的团队没有抛弃被人工智能取代的人们，或者放任市场力量来解决问题，而是试图提升他们的技能，并将他们重新分配到其他更高层次的工作中。万事达卡网络和情报解决方案总裁阿杰·巴拉（Ajay Bhalla）同样认为，再培训既是战略优势，也是道德责任。目前，他正在牛津大学与我们合作，以增强网络劳动力的能力。

在人工智能逐渐将复杂任务自动化的世界里，情商和创造力仍是宝贵的财富。技术先驱汤姆·梅雷迪思（Tom Meredith）是戴尔公司的前首席财务官，他曾为计算机行业做出了贡献，目前投资于强人工智能 [①] 领域。他说，他们招募到的最好的人工智能程序员是哲学系本科生，因为这些哲学系本科生受过形式逻辑训练，可以同时在脑海中持有多种矛盾的想法，直到真理被揭示。

在学术界的实验室里，科学家正在尝试一种新的未来：利用"人类 + 人工智能"混合系统提供任何一方都无法单独实现的

---

① 强人工智能指的是真正能推理和解决问题的人工智能，其目标是将人工智能发展到与人类的智能相当的程度。——译者注

性能。例如，他们期望被人工智能赋能的人类能够预测未来，准确性比即使是最好的人工智能系统或最聪明的个人预测者的都更高。这个混合系统的优势是当人类和人工智能聚集在一个正向增强的智能系统中时激发出的。

你或许会关心自己在人工智能新世界秩序中的职业生涯发展。

因此，在本书中，我将与你分享一些观点，探讨人工智能快速进化的不同潜在结果，以及它是如何在社会中被（或不被）采纳的。即使你是人工智能领域的专家，我也将带你走进人类事业的一些奇怪角落，与你分享一些关于正在发生、可能发生以及我们能做的事情的新颖见解。在此过程中，你会遇到我在理解人工智能所代表的潜力和风险的旅程中遇见的一些独特人物，而他们将为你带来商业部门和学术实验室正在努力塑造未来世界的故事。虽然我主要是"人类 + 人工智能"混合系统发展的观察者和对话者，但我也不时有机会帮到他们，所以我还将向你揭示在实验中诞生的，关于我们如何将人类与人工智能结合在一起的新生见解。

你能做些什么来为人工智能赋能的未来做准备？

这本书将帮助你理解今天人工智能的发展，以及我们是如何走到这一步的。它将帮助你了解哪些职业和行业能更好地度过即将到来的风暴。

我们必须取得超越——我们将一起钻研"人类 + 人工智能"混合系统的实验世界，这些混合系统的性能超越人类或机器单打独斗。这些"半人马"，这些控制论的奇迹，预示着一个乌托邦世界，在那里，人类达到从未想象过的高度。

人工智能是一种工具。拿起你的工具，学习如何做一个"半人马"吧。

目录

第一篇

劳动力被取代

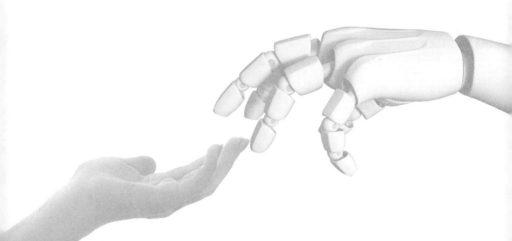

第一篇侧重于基础知识：人工智能是什么，它为何能对我们影响如此深远，以及它给工作岗位带来了哪些风险。

第 1 章
机器人来袭!

世界已成为一片废墟。扭曲的金属在可怖的残骸中拔地而起，烟雾染灰天空，遮蔽了视线。视野中一辆坦克的履带压碎了一堆人类头骨。这就是人工智能的未来，2029 年的洛杉矶。

以上是詹姆斯·卡梅隆的经典科幻电影《终结者》的著名开场场景。《终结者》系列电影描述了一个反乌托邦的未来——人工智能不仅夺走了我们的工作，还企图彻底消灭人类。

在这个话题上，埃隆·马斯克（Elon Musk）一直致力于唤起人们对人工智能的关注。他在美国全国州长协会的一次会议上说："我接触过非常前沿的人工智能，我认为人们应该真正关注它。我一直在敲响警钟，但除非人们看到机器人在街上杀人，否则他们并不知该作何反应。"他不断对人工智能的潜力发出危言，在推特上说这是"最有可能引发第三次世界大战的原因"，同时却在他的特斯拉工厂推动机器人自动化，这一趋势在新冠疫情引发的危机中又再次加速。

HBO（美国一家有线电视网络媒体公司）电视连续剧《西部世界》设想了一场人类和人形机器之间的战争，呼应了《终结者》中的许多主题。在这两部作品中，骇人的部分来自被制造成看起来像人的机器，它们悄悄地渗透人类社会，然后为了机器的目标而将人类社会颠覆。《黑客帝国》系列电影也是如此，该电影设想技术出了问题，人类成为给机器帝国供电的电池，尽管要实现这一情况在物理学上存在困难。①

对科技的恐惧并不是什么新鲜事。当流氓恶棍推倒 5G 信号塔时，他们表现出的野蛮无脑与玛丽·雪莱（Mary Shelley）的《弗兰肯斯坦》所表现的如出一辙。在那部小说中，挥舞着干草叉的村民对一个人工智能生物紧追不舍，直至其死亡。人们可以从时间上来追踪雪莱的影响，最早可追溯到公元 1100 年前的泥巨人传说，最近则可延伸至 20 世纪 50 年代艾萨克·阿西莫夫（Isaac Asimov）的机器人小说——他设想了一套编程到机器人中的"原则"，以保证它们不会伤害人类。这种对机器人安全的乌托邦式愿景在最近的《她》和《机械姬》等电影中被破坏了——男孩遇见机器人女孩，男孩爱上了机器人女孩，机器人女孩抛弃了男孩又恐吓社会。

在所有技术中，人工智能似乎有一种激发恐惧的特殊能力，

---

① 有一则关于《黑客帝国》的趣闻：据称，最初的剧本是将人们绑在一个巨大的神经网络中，以增强计算能力，这更有意义，但电影制作人担心观众不够聪明，无法理解这一点，所以将其改为"以人作为电池"，这在我们的物理理解中实际上并不可能。

特别是在西欧和美国。我们很少（如果有的话）看到关于量子隐形传态危险的电影或图书，也很少看到政治家和工人抨击锂电池爆炸的头条新闻。我们的想象力被机器肆虐、机器人杀手和人类对机器用完即弃的影像所局限了。

这种恐惧一部分可能来自人工智能进入我们生活的方式。我们已经把人工智能带到手机上，用它来导航或购物。我们也已经把人工智能带进了我们的家，并用它来提供娱乐——要么像要求Alexa[①]给我们播放音乐时那样明确，要么像允许网飞向我们推荐一部电影时那样隐晦。我们的生活中处处都是人工智能的身影，有些人甚至已经为他们的家庭人工智能助手设置性感或舒缓的声音，让机器给他们朗读诗歌，抑或是睡前故事。

想象一下，如果机器厌倦了我们，决定接管世界，会如何？网飞会很乐意向你推荐《黑镜》剧集，该剧集以几种不同的方式来展示这种场景。我特别推荐《金属头》（*Metalhead*）这一集，但也请留意《卡利斯特号》（*USS Callister*）、《为国所恨》（*Hated in the Nation*）、《白色圣诞节》（*White Christmas*）、《急转直下》（*Nosedive*）、《人与武器的对抗》（*Men Against Fire*）、《潘达斯奈基》（*Bandersnatch*）、《大天使》（*Arkangel*）、《瑞秋、杰克与小小阿什莉》（*Rachel, Jack and Ashley Too*）、《终极玩家》（*Playtest*），至于情感方面的，还有《归于正轨》（*Be Right Back*）和《绞死DJ》（*Hang the DJ*）。其中，在《卡利斯特号》和《为国所恨》两

---

① 亚马逊旗下的人工智能音箱语音助手。——译者注

集里，人类 + 人工智能混血儿被视为特别残忍和冷峻。

政治方程式

人工智能已经改变了政治格局的面貌。FactSquared[①] 创建了一个机器学习系统，该系统非常擅长理解政治家所说的话，并识别出他们何时处于压力之下。2019 年春天，当我与 FactSquared 首席执行官比尔·弗里施林（Bill Frischling）交谈时，他与我分享了他们是如何监控弗吉尼亚州一名政治候选人的声音的。通常，这个候选人在他的演讲中的压力是相对稳定的。然而，他们注意到，每当这个候选人提到某个记者的名字——让我们称他为"X 先生"——候选人的压力水平就会超出均值水平三到四倍标准差。有了这些信息，他的对手接着用"我的好朋友 X 先生"和"X 先生在写政治分析时的洞察力给我留下了深刻的印象"等语言进行攻击。这让开头提到的政客抓狂，演讲游戏被干扰，而对手则赢得了选票，在选举中胜出。

对手研究（opposition research）正走向高科技。你不再需要成群结队的竞选工作人员搜索新闻剪报和审查视频。机器可以为你突出显示奇怪或有差异的内容。当然，你仍然需要人来关联上下文背景，但机器大大减少了进行这种分析所需的劳动时间，帮助你从数小时的镜头中提取出仅靠人脑难以提取的模式。

---

① 利益相关：我对 FactSquared 做了一小笔投资。

多年来，机器人自动化一直在重塑制造业。20 世纪 70 年代末，机器人首次被大规模部署到工厂车间。它促成了英国和美国制造业经济向服务业经济的转变。我们将在第 3 章中更多地讨论这个问题。在这里，我们关注的是人工智能和机器人自动化浪潮如何在每个国家的社会中产生根本性的变化。机器永久地夺走了一些人的工作岗位。无论是在英国约克郡谢菲尔德还是在美国的铁锈地带底特律，一代工人被技术和全球化所取代。对于每一个机器人，都会有对应的机器人修理人员，但这些工作需要被创造，而工人需要接受这些新技能的培训，可是他们的雇主和社会未能提供足够的再培训。在 2016 年的英国脱欧公投中，原本预计将投票留欧的谢菲尔德后来却转向脱欧。这是如何发生的？

脱欧派可能会告诉你，这是因为奈杰尔·法拉奇（Nigel Farage）在该地区进行了令人信服的竞选活动。毫无疑问，他对结果产生了一些影响。但其他事情也在发生，以推进他、鲍里斯·约翰逊①（Boris Johnson）及其他人所推动的势头。

超过 15 万个从事英国脱欧相关活动的社交媒体账号生成了数百万条支持脱欧的推文。据悉，在英国脱欧公投前一个月的所有支持脱欧的推文中，有三分之一是由机器人生成的。网络公司 F-secure 在英国脱欧多年后跟踪了支持英国脱欧的持续活动，发现在 2019 年的短短不到两个月的时间里，仍有多达 1800 万条可疑推文。这份报告终于在完成一年半后于 2020 年 7 月发布，概

———————
① 时任英国首相。——编者注

述了有团体利用人工智能干预英国政治的无可争辩的证据，特别是围绕英国脱欧公投。人工智能在人们的严格控制下，负责宣传鼓励恐惧和仇外心理的信息。

如果人们几十年来没有感到"被忽略遗忘"，他们还会如此专注地倾听吗？投票中表达的愤怒是真实的，部分原因是人们厌倦了没有可预见的未来，有许多人失业，被剥夺了权利。如果英国脱欧公投和 2016 年美国总统选举中没有那些心怀不满、被疏离的选民做出相似选择，机器人就无法改变选举。如果没有体验过 2008 年经济衰退后的经济增长的感觉，没有机会享受欧盟创造的财富，这些被遗忘的选民怎么可能对未来感到乐观，对更多同样的承诺感到信任？

从统计数据来看，这些心怀不满的选民仅占投票年龄人口的少数。但是，当他们与压制温和积极的多数和鼓励少数极端分子的外部影响结合在一起时，会发生什么？我们已经目睹了这些结果，这些结果可能被新冠疫情放大了，但即使没有它也是显而易见的。

英国脱欧就像是人工智能为美国总统大选所进行的"彩排"。事实上，我们看到了相类似的结果：在 2016 年美国总统大选中，超过 4000 万条"假新闻"推文在推特上传播。其中很大一部分传播"假新闻"的账号被认为是机器人操控的，并产出了内容的20%~25%。想象一下，如果与你交谈的每四或五个人中就有一个是机器人，而你并不能分清。

据英国国家经济研究局的研究人员估计，机器人采取的行

动使英国脱欧公投期间的脱欧投票增加了 1.76%，特朗普在 2016
年美国总统大选中的选票增加了 3.23%。导致的结果是，脱欧
派 52% 比 48% 获胜。特朗普实际上输掉了美国的普选，但由于
美国总统选举制度的怪象，他在战略地区的胜利让他能够入主白
宫。机器人左右选举的影响在研究人员估测技术的误差范围内。
加州大学伯克利分校的尤里·葛洛迪琴科（Yuriy Gorodnichenko）
与斯旺西大学的托·法姆（Tho Pham）和奥莱克桑德·塔拉韦拉
（Oleksandr Talavera）表示："我们的研究结果表明，鉴于每次投票
的获胜差距很小，虽然机器人的影响好像微不足道，但实际上可
能大到足以影响结果。"

人工智能头脑干预

我们怎么会走到数百万人在全国选举中的选票可能受到影响
的地步？让我们去咨询一下心理医生吧。

"我是你今天的治疗师。"

"我感到难过。"

"多给我讲讲这种感觉。"

"我的孩子从来不给我打电话。"

"这对你有什么启示？"

到现在，你大概已经搞清楚和你对话的是一个原始人工智
能。然而，在 20 世纪 60 年代中期，当麻省理工学院研究员约瑟
夫·魏森鲍姆（Joseph Weizenbaum）首次推出 ELIZA 专家系统

时，计算机科学迎来了一个革命性的时刻。这是第一个成功模仿真人的聊天机器人，并且通过了所谓的"图灵测试"。

数学家与计算先驱艾伦·图灵在布莱切利园破解了 ENIGMA 密码系统，他被认为是人工智能之父，为人工智能的发展树立了标杆。他说，如果一个计算机程序能够与人们交互，并让人们无法判断他们是在与机器还是与人交互，那么就算通过了第一个证明自己是像人一样思考的机器的门槛。在定义上，它将被归类为"人工智能"。我们将在下一章中更多地研究不同类型的人工智能，但值得考虑的一点是，人工智能的曙光始于聊天机器人。

在现代，我们看到聊天机器人在网站上提供客户服务，不知疲倦、友好，从来不会对愚蠢的问题感到恼火。我们也看到它们被应用在约会应用程序中，并以模特照片引诱我们订阅成人网站，或者骗走孤独的人数十万的积蓄。入侵方式是如此难以分辨，以至于引发了许多人们关于"如何判断你是否在与机器人交谈：聊天机器人完整指南"和"发现机器人：防止机器人接管约会网站"的讨论，甚至有私人调查服务提供了一篇关于"如何在 Tinder 和 OkCupid[①] 上发现诈骗和机器人"的文章。机器人正在潜入我们的卧室，尼日利亚王子骗局现在是可互动的。

所有这些骗局的起源故事都是对罗氏疗法（Rogerian therapy）的拙劣模仿（在这种疗法中，治疗师实际上是被动的，提出反映客户已经说过的话的问题，而不是引发新的讨论领域）。在与

---

① 两者均为手机交友 APP。——编者注

ELIZA 的互动中，用户完全相信 ELIZA 有感情，能思考。人们在将无生命物体拟人化的趋势中发现了一种新的表达模式，也许我们从向没有思想的机器人（实际上是模仿精神病医生，以一系列提示问题的形式，愚蠢地重复我们所说的话）倾心吐意到将政治聊天机器人误认为是真实的人只是时间问题。在交谈中，我们误认为它们像我们一样思考，甚至在我们心灵最黑暗的角落产生共鸣。但事实上，这些聊天机器人非但没有通过"倾听"我们的烦恼来抚慰我们的灵魂，反而助长了两极分化和社会分裂。

聊天机器人支持的选举两极分化不是凭空发生的。一种更微妙的人工智能系统已经在努力以脸书推荐流的形式将人们分开。人们喜欢和他们一样思考的人，这意味着如果你促进了这个积极的反馈循环，你就可以创建一个信息或行为激流，煽动大量的人朝着某个方向前进。煽动者几个世纪以来就知道这一点。随着人工智能的出现，随着聊天机器人的出现，这些知识逐渐被预测和扩展，对社会产生了可怕的影响。

二十年来，美国选民两极分化。尽管同为共和党人，但特朗普的理念和里根所宣扬的理念并不完全相同。今天的特朗普支持者很可能会认为里根是一个左派，是一个无可救药的自由主义者。20 世纪 80 年代的共和党自豪地谈论着可以包含许多观点的"大帐篷"。他们必须——在当时，这就是他们赢得选举的方式——吸引中间派。发生了什么导致这样的变化，是什么让这种变化在伯明翰的街道上的影响和在华盛顿特区的走廊上的影响一样大？

让我们来看看一些揭示美国选民两极分化的数字：

从 1994 年到 2004 年，尽管有着媒体分裂、充满敌意的政治辩论和伊拉克战争，但民主党和共和党相对趋同，并有一个政治中心。但到了 2015 年，这个政治中心就变得无法支撑，四分五裂（见图 1.1）。

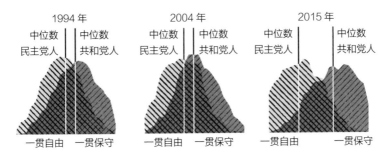

图 1.1　1994 年、2004 年、2015 年的美国选民情况

资料来源　Q　皮尤研究中心（Pew Research Center）

2004 年发生了什么？脸书成立了。

有些人可能会批评我混淆了因果关系。但我并不是唯一一个认为人工智能的"新闻推荐"算法和不受限制的聊天机器人对选举两极分化负有直接责任的人。

脸书通过销售广告赚钱，广告收入的多少取决于有多少人浏览该网站并与其内容互动。通过人工智能算法对我们行为的分析，脸书发现更极端的标题会给我们带来一点刺激。当我们被推送这些更极端的内容时，我们在网站上停留的时间会更长，点击的次数也更多——尤其是那些与我们内在偏见一致的极端文章。

一般来说，脸书不在乎民主党或共和党，自由派或保守派。① 脸书只在乎赚钱，而更多的浏览量和更多的网站留存时间意味着更多的利润。

不幸的是，聊天机器人被武器化了，在英国和美国（在法国等地程度较低），被愉快地部署到脸书和其他易于接受的社交媒体创造的肥沃环境中。人们被灌输极右翼、极左翼以及任何打破政治话语的东西。

聊天机器人在无人监督的情况下会做奇怪的事情。例如，科技巨头微软公司在 2016 年推出人工智能聊天机器人 Tay 时，就遭遇了一点公关灾难。Tay 从推特中消化大量数据后，迅速自学成为一名种族主义者和性别歧视者，并在网上发布了歧视性言论。为了补救，微软公司在发布后的 16 小时内将它撤下。如果一个简单的聊天机器人可以在无监督的学习环境中如此迅速地偏离轨道，那么在短短几年内，一个更复杂的人工智能会发生什么，一个与关键系统相关的人工智能会发生什么？如果我们的自动驾驶汽车觉得不受"恶臭"人类的差使它会更快乐呢？

在某种程度上，聊天机器人如此愚蠢是一件好事。的确，它们被用来攻击民主制度。然而，它们的口吻明显像机器，使得研究人员和安全专业人员能够识别它们。所以，像推特这样的科技公司已经开始主动中和它们。我们可能很快就会到达人工智能系

---

① 这基本上是真的，但在 2020 年，有消息称脸书故意减少了自由新闻网站的流量，增加保守网站的流量。据《华盛顿邮报》和其他消息来源称，为了避免自由偏见的看法，避免特朗普总统的攻击，脸书转而采取保守偏见。

统开发的一个点，在这个点上，我们看到——或者更确切地说，看不到——的人工智能难以被察觉。这些无形的人工智能系统令人信服地打造了模拟人的视频和音频，它们的模拟非常准确，以至于我们无法用肉眼将之与真实的东西区分开来。到了那个时候，我们就真的可以开始担心当机器人攻击时会发生什么了。

比起这个，我更担心的是人工智能作者和思想领袖的威胁，毕竟，他们读得比我多，写得比我好，以比我希望的更快的速度创作作品。我们能做些什么来避免数字孪生世界取代我们的工作吗？还是我们注定要变得过时，变成一个模糊的记忆，存在于那些创造了机器，然后取代我们成为地球上占主导地位的生命形式的存在者的脑海中？从镜像宇宙来的邪恶机器人接管我们的生活，偷走我们的钱，毁掉我们的声誉——这个可怕的愿景还有多远？

在我们过于深入地沉浸于有关人工智能的幻想之前，让我们花点时间来看看人工智能的不同种类，以及当今的前沿现状。

第 2 章
定义人工智能：理解术语

理解不同种类的人工智能很重要，因为这有助于揭示人工智能系统所面临的威胁和机会。但在外行看来，对人工智能的描述使用了一系列令人困惑的术语。所以在这一章中，我们将用相对非技术的语言来理解人工智能的怪兽图鉴。与其把它看作是去动物园旅行，不如把它看作是徒手狩猎，因为其中一些人工智能技术对你未来的生计构成了非常真实的威胁。而其他的人工智能则可以代表乌托邦。虽然这本书的前几章，包括这一章，大致描绘了未来十到二十年的可怕景象，但我仍然嘱咐你们充满希望，因为在潘多拉释放了世界上所有的灾难之后，剩下的就只有希望。

专家系统

基于规则的专家系统和其他类型的基于规则的计算机系统是最早的人工智能。"如果 A，那么 B"是其核心编程概念。基于这

个概念，你可以让一个聪明的人想象出一系列问题或情况的所有可能答案，或者你也可以创造聪明的模仿系统，比如 ELIZA 和新一代基于规则的聊天机器人。机器遵循着一大套规则，这些规则决定了它的行动：如果出现了某种情况，就采取一个行动；如果出现了另一种情况，就采取另一种情况，依此类推。

今天大多数聊天机器人看起来很蠢的原因是它们确实很蠢，尽管根据最基本的定义，它们仍被称为人工智能。在这里，我们要戳破的一个重要神话是"人工智能"天然就比人类聪明的想法。聊天机器人通常遵循规则表的变体，有时是随机访问的（比如一些 Tinder 诈骗机器人），有时直接绑定到一组离散的答案，比如在线帮助系统。它们的程序通常设计得很少，就像它们对特定短语或单词的答案列表一样有限。我认为，ELIZA 比它的创造者预期的效果更好的原因，是它被置于一个非常特定的背景下（治疗对话），并模仿了一种非常特定的治疗类型（罗氏），它可以遵循一个近乎公式化的模型向病人提问。总的来说，ELIZA 是当今许多现代聊天机器人的灵感来源，至少在精神上是这样，但使用这种模型的聊天机器人的好坏只与其背后的程序好坏有关。正如我们将在第 8 章中了解的那样，制造更智能的聊天机器人是可能的，但今天的许多聊天机器人都是原始的和基于规则的。

更严肃的专家系统所需的投入要多得多，但其遵循的仍是一套程序化规则，这些规则根据具体的输入触发具体的行动或结果。问题在于，程序员必须在结构化捕获过程中花费相当多的时间，他们需要从专家那里收集信息，以便对专家系统进行编程。这反过来又限制了这些类型人工智能的适用性。对专家系统性能的研究表明，专家系统的有效性受到所回答问题的范围、信息体系结构的设计方式以及所涉及的人员（包括专家和程序员）等因素的影响，而知识类型本身限制了专家系统的可行性。

可行而非新奇的专家系统是怎样的？一个例子是配置计算机硬件和软件。这在过去是一项需要训练有素的信息技术专业人员进行大量体力劳动的工作。然而，它是一个受限制的系统：只有这么多类型的计算机，只有这么多可能的硬件和软件组合。于是，我们就可以在规则和特定场景的分类法中进行编码——如果面对系统 X，那么让软件执行功能 Y。

虽然会对信息技术部门的生计构成一些威胁，但取消训练有素的现场信息技术专业人员的直接干预的第二个影响，是将信息技术职能转移到外地，甚至离岸。当整个英国航空公司的计算机系统在全球范围内瘫痪时，我是陷入混乱的两万名乘客之一。我被困在希思罗机场，而我本应顺利地穿越大西洋，然后在智利中央银行发表演讲。事实证明，外包英航的信息技术功能可能无法支持系统可靠性。我了解到，这次事故的起因是一个训练有素的外包系统工程师对一些关键的电力系统处理不当，又由于英航解雇了知道如何处理问题的英航内部信息技术人员，导致英航无法找到有能力解决问题的人。

如果你碰到复杂的系统怎么办？如果你不确定在不同的情况下需要做什么，该怎么办？如果你面临着巨大数量的数据，而这

些数据超出了人类的认知范围呢？专家系统在定义上，是依赖于能够适应人类思维范围的框架的。这种专家系统的局限性，加上日益增长的计算能力、内存成本的直线下降以及由大大小小的传感器和传感平台创建或捕获数据的速度加快，导致了另一种形式的人工智能的出现：机器学习。

机器学习

机器学习是一种比专家系统更复杂的人工智能形式。机器学习程序从数据中学习数据中的模式，当你给它们提供更多的数据时，它们往往会变得更准确。这里说"更多的数据"，指的是非常大量的数据。在过去的十到十五年里，机器学习系统真的开始形成自己的体系，时间恰好与从互联网使用——卫星、可穿戴计算机、移动通信网络和其他来源——产生的数据量开始达到真正的大规模相契合，这可能不是巧合。

让我们假设现在是 2014 年，你正在使用机器学习构建一个新的面部识别系统。使用有限的数据集，你的系统可以达到 96% 的精确度，这仍然意味着二十次中有一次会出错。之后，大量数据被用于面部识别系统的训练，截至 2020 年 4 月，准确率已经接近 99.92% 了。

其中一个问题是系统需要能够处理各种数据。2014 年和 2020 年的系统构建的不同之处在于，已经有足够多的图像可用于机器学习算法的训练，这导致系统现在更擅长处理所谓的"边缘条件"——那些偶尔出现但足以扰乱整个模型的罕见事件。例如，如果你只在没有胡须的人或有胡须的白人身上训练你的模型，你的系统可能会在具有不同肤色或面部毛发的人的数据上表现不佳。又如果你的模型从未遇到过彼此相似的亲密家庭成员，它可能永远不会学会如何区分兄弟姐妹。

这种边缘条件的概念贯穿于计算机建模中，而不仅限于面部识别。史蒂夫·沃兹尼亚克（Steve Wozniak）是一位亿万富翁，据说他的妻子申请信用卡时，获得的信用额度是他的十分之一，因为系统不知道如何看待亿万富翁的妻子。在 2008 年国际金融危机中，以及十年前长期资本管理对冲基金倒闭时，计算机模型面临着所谓的"黑天鹅"事件，这些事件在市场上蔓延，引发了灾难性的损失。

同样的概念也适用于教授机器将人类口头表达的单词转化为数据，帮助汽车自动驾驶，使 SpaceX（美国太空探索技术公司）火箭以直立的姿势着陆。数十亿个数据点被输入到一个机器学习系统中，该系统会识别数据部分之间的相似性，然后预测下一段数据应该去哪里更好。如果系统没有足够大的数据集来覆盖非常罕见的异常事件，它可能会纠结，最终失败。例如，2016年，特斯拉自动驾驶系统的早期版本导致第一名司机死亡，当时计算机被一辆白色货车侧面反射的明亮阳光迷惑，未能避免交通碰撞。[1]

————

[1] 利益相关：我拥有非常少量的特斯拉股票。

我们如今在日常生活中随处可见这种情况。无论是网飞推荐我们喜欢的电视节目，还是 Alexa 能够理解我们的食物订单，机器学习系统已经渗透到流行的应用程序中了。

机器学习时代的另一个突破是谷歌在 2015 年发布了 TensorFlow（一个流行的机器学习编程框架）。在 TensorFlow 中，通过谷歌运行的数万亿次搜索产生的魔力已经被简化为一个计算机软件包。TensorFlow 使得获取强大、快速的机器学习能力变得更容易。

结构化数据与非结构化数据

数据是让人工智能之轮转动起来的驱动力。结构化数据（structured data）的例子包括日期、时间和全球定位系统坐标。非结构化数据（unstructured data）的例子诸如构成这本书的单词，或者进入数字照片或视频的像素。专家系统需要高度结构化的数据，而机器学习系统两种数据都能处理，但当它们被提供预处理数据时，它们往往会做得更好，预处理数据中的一些结构被应用来帮助"清理"原始数据集的噪声。

根据定义，非结构化数据是指彼此之间没有太多或任何关系的数据点。想想一张玫瑰的照片。一个像素是红色的与下一个像素是红色、黑色或其他颜色几乎没有关系。这里的关键是"小"——照片处理算法足够聪明，可以计算出："嘿，那个像素簇是全红色的，所以我们可以用数学来描述簇的形状，并附上红色，而不需要单独描述每个像素。"现在我们开始对基本上仍然是非结构化的数据进行预处理或结构化处理。

让我们看看网站上的客户评论：

"我觉得这款产品粗鲁、无味、简陋。"

"我喜欢这个小玩意儿，它太棒了。"

"不错。"

"值得投资。"

这些是我编造的，但它们与你在亚马逊评论、爱彼迎、OpenTable①或许多其他将用户评论纳入服务的网站上找到的没有什么不同。推文将是另一个非结构化数据的例子，它可能会影响公司的消费品营销策略。

你可以付钱给一个营销分析师，让他从成千上万的自由形式的文本条目中筛选出来，并得出一个表格，列出有多少正面、中性或负面的评论——这些信息可以帮助公司更好地运营业务，并发现新的趋势。你可以尝试编写一个专家系统，对单词和单词组合的每一个变体进行分析，并为每个变体分配一个值。在这种情况下，你会遇到一个问题：如何让计算机明白什么是反讽？

或者，你可以使用机器学习系统来解析大量数据，并开始注意数据之间的关联。也许你稍微推一下它，让它明白一组特定的评论是"负面的"，一组是"中性的"，还有一组是"正面的"。当它遇到新的评论时，系统就可以将评论分类到这些桶中，并教

———————

① 一款流行的美国订餐平台。——译者注

自己在哪里放一个以前没有遇到过的新短语。

有监督学习与无监督学习

机器学习既可以以有监督的方式进行，这意味着人类的先验知识可以指导系统和模型的学习；也可以以无监督的方式进行，让计算机进行自我教学。

在我上面给出的关于客户评论的例子中，我建议应用一个有监督的学习模型。我，或者营销经理，或者其他一些人，会查看这个系统正在产生的联系，我们会对它进行纠正，提供"监督"。我们也许可以取代市场分析师，但我们必须付钱给一个数据科学家（他赚的钱是前者的两三倍）来审查、解释和指导系统。另外，该公司现在可以做到从前以成本效益的方式根本无法做到的事情。

相较之下，无监督学习常用于聚类分析。如果你面对一堆数据，你不确定到底应该寻找什么，或者可能从这些数据中得到什么，你可以尝试使用无监督学习。让机器对信息进行分类，识别超出人类认知能力的模式，可以揭示意想不到的数据模式。这种学习方法可以帮助疫苗研究人员发现一种新药，或者帮助自动驾驶汽车即使在遇到未知情况时也能避免事故。

让我们尝试一个非常简单的例子来说明无监督学习的潜力。

就拿"刚才写下的这句话来说"——"Take this sentence that have just written"来说吧。上面的句子虽然意味不明，但你的大脑可能会在"have"之前插入"I"这个单词。无论用哪种方式，作为人类的你通常都知道我试图传达什么，即使你以前从未遇到过这个特定的句子。但一个专家系统会在这句话上停下来并崩掉，至少从比喻的角度来说是这样。相较之下，一个无监督的学习系统可能对意义和句子结构有足够的抽象，即使句子的后半部分缺少"I"，它也能够推导出"I"的存在。

这种推理能力对编辑和文案的工作造成威胁，又可能使卡车司机多赚 32500 英镑。无监督学习和有监督学习等机器学习技术的进步加速了就业岗位转移。

神经网络与深度学习

神经网络的概念已经存在了很多年。这个想法是，如果我们用晶体管取代神经元，并将它们连接在一起，模仿大脑中神经元相互连接的方式，我们就可以复制人类的思维。当我还是一名大学一年级学生的时候，我的独立学习项目就包括编写一个程序来模拟神经网络的性能。这是一个很酷的想法，但在当时，它相当没用。神经网络有过长达 30 年的冬眠期，在这之中，人工智能被大肆宣扬的承诺仍然遥不可及。

近年来，随着人工智能技术在廉价计算能力和高密度网络产生足够大数据量的时代取得新的进展——它们得到了复兴。正如人的大脑中有许多层神经元以三维结构相互连接一样，深度学习的名字来源于这样一个事实，即有许多层神经网络连接

在一起。

　　与传统机器学习相比，深度学习系统具有显著的性能优势。对于传统机器学习的许多应用来说，模型精度（识别图像、破译文字、理解生物结构）的提升速度令人惊叹，但随后它们往往会达到性能瓶颈。即使向传统机器学习系统中注入更多的数据，它也难以突破阈值。而对于深度学习系统，对数据的渴望是无休止的，没有瓶颈。你提供给它的高质量数据越多，它得到的就越好（见图 2.1）。

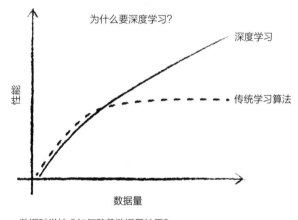

图 2.1　深度学习的性能优势

资料来源　Q　S. Mahapatra, 'Why Deep Learning over Traditional Machine Learning?', Towards Data Science, 2019.1.22

　　深度学习系统正被部署在语言、自动驾驶和金融欺诈检测等领域。你未来的视频电话会议可以在通话过程中采集语音并自动翻译成任何语言，至少百度一直在做翻译领域的研究。等到那一天，《银河系漫游指南》的巴别鱼①或《星际迷航》的通用翻译器的承诺终于可以实现了，联合国翻译人员可能很快需要寻找不同的工作。

尽管这些系统取得了许多进展，但它们的应用仍然是专业化的、狭隘的。我们还没有能力创造一个真正独立思考，能够完成一系列不同的任务和想法的机器——一个具有创造性的人工智能系统。

通用人工智能或人工通用智能

通用人工智能（General Artificial Intelligence，GAI）或人工通用智能（Artificial General Intelligence，AGI）描述的是同一个事物，指的是一个机器能够像人一样思考的系统。人们有时也会称其为"强人工智能"（Strong AI）。不同的语言描述表明了这个领域的新生特征。许多人都同意的一个事实是，通用人工智能还有若干年的时间。

即使遇到完全未知的情况，几乎在任何领域，通用人工智能都能够做出反应。因为它是完全灵活的，通用人工智能将取代我们今天依赖的狭隘的人工智能系统，比人更好地完成各种任务。如果它存在，它将使当前劳动力经济的很大一部分过时。我们可

---

① 小说《银河系漫游指南》中的道具，如果塞进耳朵，就能立刻理解任何形式的语言。

能会获得更多的闲暇时间，也可能看到一个巨大的下层阶级的产生，这个阶级永远是无用的。

正如我在牛津大学的同事尼克·博斯特罗姆（Nick Bostrom）指出的那样，如果我们真的成功地让人工智能像人类一样聪明，却并不能保证它会自动拥有人类的正义、仁慈或同情的概念，我们就可能创造出用人类术语表述为数字精神病（digital psychopath）的事物——它在取代了就业市场的大部分劳动力并摧毁了人性后，完全不会自责或后悔。毕竟，按照人工智能自己的标准，它的行为可能是理性的。

其他人，如牛津互联网研究所的卢西亚诺·弗洛里迪（Luciano Floridi），提出了一个嵌入人工智能设计的原则框架，以便在其代码中包含正义和公平的概念。然而，人工智能伦理的愿景又受到了人工智能另一系列进步的威胁：由其他人工智能系统创建的人工智能系统。一旦机器开始创造改进的机器，我们失去控制的风险就会急剧增加。

人工智能研究的最终目标应该是创造通用人工智能吗？或者我们的努力应该指向增强人类智慧，探索能够推进人类社会需求的创新领域？

人工智能的环境代价

一个容易被忽视的领域是人工智能的巨大能源成本。旧金山的 OpenAI（一家美国的人工智能研究公司）展示了一个系统，该系统可以通过控制机械臂来还原魔方。这是一项极其困难的人工智能计算任务，据《连线》（Wired）杂志报道，这可能消耗了 2.8 兆瓦时的电力——大约是三个核反应堆运行一个月所能获得的电力。为了给世界上所有的数据中心供电，我们需要 250 万个风力涡轮机。当然，我们并没有这么多个涡轮机，这意味着我们正在通过燃烧化石燃料（与可再生能源等一些其他来源相结合），来获得我们今天使用的所有人工智能的好处。事实上，深度学习是能源密集型的，我们正在用它的碳足迹大量增加环境债务。

人类＋人工智能混合系统

已经涵盖了人在让机器变得更聪明方面可以发挥的作用，那么机器如何让人变得更聪明呢？尽管我们会在第 8 章中更彻底地探讨这个想法，我仍想在这里简要地谈谈，以说明"人类＋人工智能"混合系统如何适应人工智能的整体分类。

一个更简单的"人类＋人工智能"混合系统是机械土耳其人（Mechanical Turk）。

原始的机械土耳其人于 1770 年在哈布斯堡大公玛丽亚·特蕾莎（Maria Theresa）的宫廷里展示。这是一个国际象棋游戏，你，一个人类，将与一个看起来像是可以自己移动棋子的智能机器比赛。发明者沃尔夫冈·冯·肯普伦（Wolfgang von Kempelen）在棋局开始前会进行一场精心制作的演示，打开各种抽屉和橱柜，展示里面装着的发条。在这上面有一个木制的假人，雕刻成

一个土耳其男人的样子。有人发现，机器里面藏着一个人类下棋操作员，他实际上是在操作这台机器，让它看起来好像机器是自动与你对弈的。

快进到现代。试图训练程序理解视觉图像已经被证明是计算机科学中比较复杂的领域之一。然而，卡内基梅隆大学的一些非常聪明的家伙考虑到了这个问题，也考虑到了计算机日益网络化和互联网使用爆炸式增长的事实。他们意识到，他们可以将这些由单个人组成的大军变成一台机器，用于筛选数百万张图像，以更好地训练人工智能进行图像识别等。由此，reCAPTCHA 系统便诞生了，它很快被谷歌吸收过去，帮助谷歌人工智能变得更聪明。

reCAPTCHA 系统还被用于提供网站安全——避开机器人的入侵。当下，只有人类足够聪明，能够以某种方式有效地破译图像；一般的机器人则不能，因此一个网站能够用验证图像的方式保护自己免受机器人的攻击：你可以向用户展示一张图片，并将其分解为正方形——比如说一个 4×4 的网格——然后让他们识别哪些正方形包含交通信号灯、汽车或消防栓的图片（见图 2.2）。

对于人类来说，这是一项易如反掌的任务，但对于今天的大多数机器人和许多人工智能系统来说，这是一项相当困难的任务。这类系统还将根据鼠标滚动、在网站上的时间和鼠标移动来查看你在点击图片之前如何与网站交互。这是一个从真实用户中筛选出假用户的好方法。在此过程中，在后台，大量的人正在训

图 2.2　一些网站的安全验证界面（示例）

练谷歌人工智能如何分析图像。截至 2019 年，超过 450 万个网站嵌入了 reCAPTCHA 系统，每天为图像数据标签和分类提供超过 100 人一年所做的劳动。有了几个基本假设，我们就可以给出一个经济数字，说明利用人可以让人工智能变得更好。reCAPTCHA 系统的成本可能是每次认证 0.001 美元（根据竞争对手 hCaptcha 的数据）。而如果雇用人来分类或注释图像，则需要为每张图花费 0.03 美元，不难估计，通过让人们免费训练人工智能，谷歌可以获取 210 亿美元或更多的劳动力套利。

　　类似的服务在亚马逊的版本被称为 Mechanical Turk 或 MTurk，它可以作为一项服务出租。不局限于图像，你可以为出

价投入任何类型的重复性任务，比如翻译采访内容或转录音频记录。亚马逊接入全球网络，低成本的海外劳动力可以为各种任务提供规模。有趣的是，谷歌的子公司多年来一直在使用 MTurk 来帮助提高其人工智能的人类智能。

劳动力功能很有趣。一方面，像 MTurk 这样的系统为任务付钱，通常每个人每个任务不到 1 美元，为人们创造了一个新的收入来源；另一方面，一些正在接受培训的系统能够取代人类在照片编辑、视频或音频策展、广告或零售定价分析等领域的活动。

繁殖"半人马"

让我们回到象棋的讨论上来。国际象棋大师加里·卡斯帕罗夫（Gary Kasparov）在 1997 年被 IBM 开发的深蓝（Deep Blue）击败后，他开始尝试将人类和机器结合起来做任何一个人都做不到的事情。拿一个你在日常生活中可能遇到的应用"天气预报"来说，在某种程度上，计算机天气模型是好的，但它并不能产生最好的天气预报。而人类的洞察力和直觉，加上一个好的天气模型，则可以显著改善预测结果——在一个好的日子里，可能会提高 20%。如果你花时间将纯计算机生成的预测与人工生成的预测进行比较，然后将它们与天气实际发生的情况进行映射，你就可以注意到这种差异。

这些"半人马"的创造物——一半是人，一半是机器——拥有开启人类成就的潜力。在我们登上如此崇高的高度之前，我们正在寻找"半人马"的应用场景。例如，保时捷公司正在利用它们优化制造过程，将操作工程师微调的耳朵与声学采样和建模结合，以发现与振动相关的问题。

埃森哲咨询公司的高级管理人员桑吉夫·沃赫拉（Sanjeev Vohra）领导了许多人工智能工作，他对人工智能在计算机游戏环境中可能发生的事情很感兴趣。如果你和人工智能同属一个团队，与其他人工智能组队玩复杂的战斗模拟或战略游戏，你会有什么样的体验？你的人工智能队友能与你密切合作，并帮助你实现某个目标吗？这些游戏世界的构造如何影响人类和机器的想法，在模拟中帮助他们完成工作、政治决策或艺术创作？沃赫拉向那些构建实时人工智能系统的人寻求灵感，在这些系统中，人类和人工智能为了共同或冲突的目标，使用非常快速、动态的人工智能模型频繁交互。而这些人工智能模型正在学习如何根据人类的行为与人类互动。

在高层次上，你可以把"人类＋人工智能"系统看作是一种使用网络系统来收集集体人类智慧，并以有用的方式将其组合在一起的方法。它的工作方式是把一群人聚集在一起（近期是远程虚拟地相聚），让每个人都预测一些未来的事件，如某件事发生的日期或股票的价格等。这些预测可成为一个不错的派对魔术，但往往有一个错误率，使它们无法用于任何严格要求准确率的任务。然而，当我们将人工智能纳入方程式时，我们开始找到调整这些预测的方法，并使它们变得更准确。

我们在本书第三篇和第四篇探讨的其他类型的"人类＋人工

智能"混合系统包括人工智能"教练",它可以改善你的日常工作表现,以及唤醒整个公司或机构潜在的集体智慧来从事复杂任务的能力。我们在机械土耳其人中看到了一点这种想法,但后来的这类系统正在逆转这种好处:与其永远一点点地利用大量的人来帮助人工智能,不如利用人工智能,使人类系统更强大、更多面、更灵活。

当我们尝试"人类 + 人工智能"混合系统的能力时,我们可能就创造了一种新的社会形式,例如人们可能会发展出相互交往的新方式、合作和解决问题的新方式、形成相互理解的新能力和保护人类部落中最弱小成员的新能力。灌溉、抗生素和电力等技术为不同地区的许多人创造了更高的生活水平。由于这些进步,人类社会得以繁荣和发展,而对我们塑造人工智能能力的实证主义观点将使我们相信,如果我们以正确的方式应用人工智能,就会有一个超越等待着我们,就在我们目前掌握的范围之外。

首先,我们必须切实面对大规模失业的可能性,因为人工智能系统在全球经济中产生了连锁反应。伴随着它,我们可能会看到社会动荡和剧变的增加,这与 19 世纪和 20 世纪初工业革命后的激进变化没有什么不同。动荡与剧变不会在一夜之间发生,比如在第一个专家系统出现几周或几个月后。然而,它确实会在未来十年凸显出来。在过去的五十年里,劳动力方面出现了哪些可以为我们指明前路的趋势?

第 3 章
人工智能取代工作岗位的变革：何以至此？

要理解我们当下正面临的人工智能颠覆，就要先了解自动化系统如何稳步侵蚀人类劳动力市场的稳定性。

毫无疑问，几十年来自动化一直在取代人类工人。从汽车或钢铁等制造业的工业机器人开始，然后转移到旅行社（如 Expedia）、房地产经纪人（如 Redfin）和出租车［如优步（Uber）］等行业，我们已经看到以前由人类从事的大量工作正在走向过时。

制造业崩溃

咨询公司普华永道对经济合作与发展组织中的 29 个国家（该组织目前有 38 个成员国）的多个就业部门进行了预测，认定将有 20%~50% 的岗位可能因机器系统而面临风险（见图 3.1）。

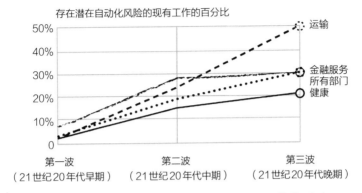

图 3.1　普华永道对经济合作与发展组织国家的就业预测

资料来源　Q　普华永道根据经济发展与合作组织国际成人能力评估调查（PIAAC）数据估算（29 个国家的中位数）

每一个机器人都要取代一个以上的人。据牛津经济智库（与牛津大学无关）估计，机器人对发展中国家的影响将比发达国家更严重（见图 3.2）。

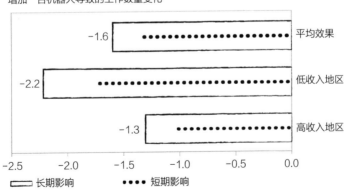

图 3.2　每增加一个机器人对不用地区就业的影响

资料来源　Q　牛津经济智库

好好想想吧。在发达国家，机器对人的取代比例略高于一对一，但背负着人口增长、粮食和饮用水供应不足以及教育不充分等问题的负担的发展中国家，正受到比发达国家更严重的自动化干扰。这似乎是全球化带来的一个残酷的副作用。最发达国家先将其制造业和低技能工作外包给发展中国家。在美国和英国等地，工厂的碳排放量下降了，因为他们将制造污染的工业以及随之而来的制造业工作岗位转移到了发展中国家。但随着人工智能和其他形式的自动化，那些低技能的制造和服务工作正在迅速被高效的机器系统取代。

世界经济论坛提出，发展中国家多达三分之二的工作岗位可能会被自动化取代。中国注意到了这一点，并围绕人工智能制定了国家优先事项和协调的中央战略，以主导人工智能的未来。据乌龟智能（Tortoise Intelligence）统计，中国在人工智能研究上的支出是美国的两倍多（见图3.3）。

又据乌龟智能统计，英国和加拿大（以及德国）是人工智能学术研究的头部发表国（见图3.4）。

事实上，加拿大和英国都在积极寻求人工智能的机会。我与英国和美国的国家政府以及学术界合作，包括协助解决商业化问题：我们如何更好地激活在学术背景下如此显而易见的潜在智力资本？有什么方法能够促进创新生态系统，使加拿大和英国在人工智能研究发表上的优势更有效地进入人工智能商业应用的生产？在写这篇文章的时候，我正在参与创建一个人工智能研究所，帮助多个学术机构基于大学研究创建新的人工智能公司，其

人机共舞
AIGC 时代的工作变革

业务的重点是构建"可信的"或"道德的"人工智能。我们面前
的挑战既令人生畏，又同样令人振奋。

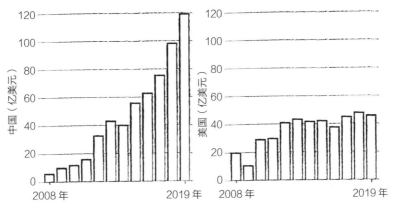

图 3.3　中美在人工智能领域上的支出比较

资料来源 🔍 乌龟智能

顶级人工智能专家发表的文章数量

⊕ 老牌王者　● 强力玩家　⊛ 崛起新星　⊕ 后起之秀　○ 新生力量

法国
5281

加拿大
19775

英国
18254

德国
15279

中国
7109

图 3.4　各国在人工智能领域的学术研究发表情况

在金字塔上工作

随着机器系统变得越来越复杂，被取代的工作种类也越来越多。制造业岗位是最早流失的岗位之一，但在过去 10 年里，有越来越多的高价值岗位被取代。

机器对人的快速替代给知识型员工带来了一些奇怪的挑战。例如，让我们看看投资银行的劳动力结构。你可以把这种组织模式看作是一种金字塔结构（见图 3.5）。垫底的是低薪（以小时计酬）分析师。他们自己打零工，每周工作 90 多个小时，希望能进入咨询顾问队伍（也许是在工商管理硕士毕业后）。咨询顾问的数量仍然很多，但能比分析师多赚一点钱，他们又在争夺晋升为项目经理的机会。项目经理的人数要少得多，他们帮助领导团队完成日常工作。

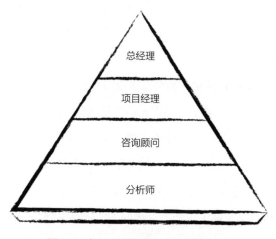

图 3.5　投行中的劳动力金字塔结构

金字塔的顶端是受欢迎的总经理或合伙人角色。作为费用账户的负责人，负责一个领域或客户业务的账簿，这些人是公司盈利能力的关键角色（为了简化分析，我们将省略执行董事、高级董事等）。这个系统的一部分只是一个劳力-盈利模式：支付一个分析师或咨询顾问适度的钱，向客户收取更多的费用，合作伙伴从差额中赚钱。收入支付的"薪酬比率"通常约为 50%，是投资者用来评估上市投资银行的一个关键指标。

贯穿一个人从分析师成长为合伙人的过程（约 15 年时间）始终的，还有接受公司文化的培训。毕竟，高盛（Goldman Sachs）或巴克莱（Barclays）与不太知名的公司相比，不仅是小时数和电子表格的简单投入产出能让它们获得溢价。工作的方法，沟通的方式，银行家的态度，这些都进入了文化的方程式。但你如何把文化行为教给一台机器？

顶级投行欣然接受将人工智能用于通常由分析师进行的"繁重工作"，包括从客户的大量数据中构建电子表格。这相当于把这类工作外包给了人工智能——每一个被人工智能取代的分析师所节省的成本都将转化为利润直接流向合伙人。

突然间，在削减了劳动力池的低层之后，投资银行发现他们遇到了问题：如果你把下面的人都淘汰了，你打算把谁提升为合伙人？接班将如何处理？许多此类组织都有部分由公司日常运营活动支持的养老金或退休计划——如果没有人可以晋升，将如何管理？"最后一个被人工智能取代的人，记得关灯"——这句话假设了此例中某种可怕的预测性。

会计师事务所、管理咨询公司等各种各样的"电梯资产"（elevator asset）公司（所谓电梯资产是因为公司的资产每天都在电梯里）陷入了这种紧张关系，既需要提高盈利能力，又困惑于当人工智能取代了公司下一代领导的经验训练场时，公司的未来会是什么样子。

预测下一个目标

斯坦福大学博士生迈克尔·韦伯（Michael Webb）提出了一个有趣的方法来预测人工智能将在哪里颠覆就业：查看专利语言并将其与工作描述相匹配。

这种方法有可取之处。研究人员认为专利活动和创新高度相关。在专利申请和商业产品或服务进入市场之间通常有一个时间窗口，特别当它将带来彻底的破坏而不是简单的增量时，所以它可以是一个水晶球，可以让我们看到未来十年左右的情况。

那么韦伯，当代的诺查丹玛斯[1]（Nostradamus），通过他对专利和人工智能工作中断的分析，预测到了什么？不出所料，停车场服务员和机车工程师预计将受到人工智能的打击——这些是基于规则的活动，而传感器和自动驾驶的汽车火车可以用精确机器操作取代人类活动。也许不太明显，但水处理厂操作员和广播设备操作员也被韦伯列为高度脆弱的对象。在他的模型中，大学教

---

① 16世纪法国籍犹太裔预言家，发表了多部预言集。——译者注

授和足科医生的风险最低（尽管他忽视了数字技术对大学领域整体就业的影响，这是另一番讨论了）。化学工程师和验光师：处于危险之中；食品加工工人和动物管理员：安全。

但这些想法真的会变成现实吗？让我们来看几个可能不太明显受到人工智能干扰的职业，这些职业曾经被视为稳定、安全或依赖创造力——这是机器历史上不擅长的。

堆积如山的债务和孩子的沙铲

法律学位过去被视为通往富裕生活的门票。在 20 世纪 80 年代，细条纹西装被捧到天上，"白鞋"法律合伙人傲慢而自豪地在纽约这样的城市大行其道。投资你的法律教育，去一所好学校。当然，你可能需要背负债务毕业，但你肯定会有一个长期的职业生涯和轻松的退休生活。

在他（通常是男性）的背后，一个高薪但负担过重的金字塔会在收费的时间里搅动翻腾。生产和利润的单位是神圣的计费小时。每小时事务所会向客户收取 350 美元的费用，但每小时只付给他们大约 35 美元薪水：劳动力套利是利润的引擎。

产生这些计费工时的一个主要来源是"文件披露"（discovery），在一个复杂的案件中，往往需要审查数百万页的文件。文件披露的目的是审查相关文件，并允许各方围绕这些文件进行辩论。

人工智能已经慢慢地削弱了这个高价值活动的堡垒，在这些活动中，不仅需要识别，还需要解释。哪个文件是相关的？关于案件的某一方面，可以提出什么论点？

首先，文档被扫描进来，光学字符识别（OCR）被用来将其转换为数据，并最终转换为文字。多年来，光学字符识别技术的性能一直在稳步提高。如今，被大面积使用的光学字符识别系统在扫描文档时可提供99%甚至更好的结果。

其次，我们能够对文本应用语义分析。当人工智能最初被开发出来时，我们不得不依赖于基于规则的专家系统，这些系统编写起来费力且不灵活。随着更复杂的机器学习等人工智能形式的出现，我们开始拥有能够理解意义和联想的机器，它们开始具有非常高阶的思维。

如今，eDiscovery（电子文件披露）是一个大生意，预计到2024年将达到近210亿美元。它的市场增长是以消除受过高度培训的人的体力劳动为代价的。有了它，那些拥有昂贵法律学位的同事们不再需要蜷缩在成堆的文件上，或者盯着电脑屏幕，试图记住一份文件300页上的一个短语和另一份文件647页上的一个段落之间的联系。因为机器系统可以毫不费力地在数百万页的文档中搜索，提出并抛弃潜在的问题，只向人类操作员提供最相关的信息供考虑。

法律界因此正处于危机之中。学术机构一直在培养新的律师，但可供他们承担的工作越来越少。在美国，2019年有超过3.3万名律师毕业，而每个律师毕业生的累积债务平均约为14.2万美元。在一个迅速自动化的职业中，这是一年47亿美元的债务。毕业的律师背负着堆积如山的债务，随着工资谈判能力的下

降，清理债务的小铲子也消失了。未来的法律学生已经注意到了这一点，所以法学院入学人数连续十年都在下滑。

在全球范围内，法律职业正在经历广泛的变化，但支持这些变化的教育系统也在以不同的手段做出回应。例如，新加坡就在法律教育创新方面采取了一项重大举措，试图使律师更熟悉和更善于利用技术。

不仅如此，法律界正在酝酿更大的变革。麻省理工学院的计算法律项目（Computational Law Project）由达扎·格林伍德（Dazza Greenwood）和桑迪·彭特兰（Sandy Pentland）教授发起，旨在"探索法律和法律过程可以被重新想象和设计成计算系统的方式"。他们的相关活动包括黑客马拉松和其他实施学术理论的平台。彭特兰是一个你会在本书中多次看到的名字，因为他和我已经在许多场合合作过，重点是"扩展智能"（extended intelligence），这是人工智能和人类如何合作的一个新兴领域。

计算法律项目正在召集来自学术界和实践的创新者，探索如何自动化处理合同，使它们不仅由机器书写（想想法律文件的图表向导），它们之间的冲突还可以由机器解决。

想象一下——两个人工智能可以在几秒或几分钟内就如何解决分歧进行辩论，而不是在诉讼或仲裁上花费大量资金。计费工时，法律职业中最神圣的部分，就像热锅里的水一样蒸发。这并不全是为了效率而更换。格林伍德向我描述了当他开始做律师时，"文件披露"的过程有时是多么辛苦——年轻的同事必须在危险的档案室里随意堆放、爬满蜘蛛的沉重文件箱中探索，在准备案件时，律师们要在尘土飞扬的文件中梳理几个小时。随着电子文件披露的出现，尤其是当它有人工智能的助力时，它就演变成了一个更快、更安全的过程。

接近 10000 亿美元，这是 2025 年全球法律服务市场的预期规模，还不包括和解的费用。这块蛋糕如此巨大，自然会吸引风险资本家和企业家的目光。

你可能会说："我为什么要关心几个律师？"

律师不是唯一被自动化的知识职业。让我们来看看媒体和出版的变化。在那里，故事在某些方面更糟糕，因为行业洞察到变革即将到来，但没有采取任何行动来应对这一趋势。

媒体误导

20 世纪 80 年代初，传奇未来学家尼古拉斯·尼葛洛庞帝（Nicholas Negroponte）和麻省理工学院校长杰罗姆·威斯纳（Jerome Wiesner）预见到，数字技术将带来的这种新东西，即被称为"媒体"的东西，将改变一切。他们设法说服了许多大型媒体公司资助对此的研究，并创建了"麻省理工学院媒体实验室"（The MIT Media Lab）。在这一创新温床中，出现了大量新技术，从乐高机器人（LEGO Mindstorms）和《吉他英雄》①（Guitar Hero）到为亚

---

① 一款为吉他爱好者专门设计的音乐游戏，通过模拟音乐演奏让玩家亲身体验成为摇滚吉他明星的快感和喜悦。——译者注

马逊 Kindle（一款电子阅读器）提供动力的电子墨水（e Ink）。

媒体看到了它的到来，但他们不屑一顾。

20 世纪 90 年代末，我是美国全国广播公司（NBC）的数字媒体投资者。一段时间以来，我们一直在推动一个现任行业参与者如何应对技术驱动的颠覆的前沿，因为 NBC 有一个非常前瞻性的高级管理人员汤姆·罗杰斯（Tom Rogers），他建立了一个完整的团队来寻求新的机会。我们是使互联网走到今天的各种技术的早期投资者和采用者，从 Akamai 这样的边缘网络系统到葫芦（Hulu）这样的流媒体服务，这些技术的创建和发展都得到了我们投资的支持。与此同时，我们在印刷媒体界的同事们试图帮助他们的企业集团转向数字媒体，从杂志到书籍，他们举步维艰。可以确定的是，由于人工智能和其他数字技术，NBC 和其他网络公司经历了巨大的变化，但我认为，他们比传统的印刷媒体保持了更多的经济价值。

看看印刷品和谷歌等数字渠道的广告收入，你就会明白报业崩溃的原因（见图 3.6）。

报纸过去靠那些小分类广告赚钱。由广告专家组成的团队会接听电话或打电话给汽车经销商，说服他们投放广告，这一团队被自动化机器投标系统所取代。不止他们，大批排字、印刷助理和送货人员也被数字系统所取代。在谷歌搜索和克雷格列表[①]

---

① 由创始人 Craig Newmark 于 1995 年在美国加利福尼亚州的旧金山湾区创立的一个网上大型免费分类广告网站。——译者注

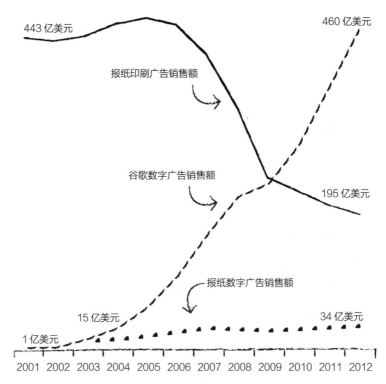

443 亿美元

460 亿美元

报纸印刷广告销售额

谷歌数字广告销售额

195 亿美元

报纸数字广告销售额

15 亿美元

34 亿美元

1 亿美元

2001 2002 2003 2004 2005 2006 2007 2008 2009 2010 2011 2012

图 3.6　传统报业与谷歌广告销售额的对比

资料来源　🔍　美国报业协会和谷歌

（Craigslist）的挤压下，他们的整个业务都被彻底摧毁了，他们对这些变化的反应太慢了。

一些人认为："至少记者是安全的。"他们指出，一个作家可以住在任何地方，仍然可以立即写作和出版。只是广告团队被颠覆了。

对吧？

不一定。

商业媒体，专业媒体，看到了一些最早用计算机取代人类编辑人员的地方。上市公司每季度需要报告的有关收入和收益的财务信息是高度结构化的数据，并且在不同的公司之间保持一致。因此，公司需要的不是让一个金融记者阅读这些新闻稿，然后写一篇文章，而是机器进入画面，解释公司财务表现的轨迹。

最近，微软内部的编辑人员已经逐渐被人工智能取代。他们每天产生海量的新闻，其数量远远超过新闻读者的可接受范围。因此，编辑团队会决定什么应该出现在头版或醒目位置，什么可能被放到后面或永远不会发表。

人类编辑的主动权正在被人工智能算法所取代。现在机器正在决定什么会出现在哪里。

微软并不是唯一这样做的公司。脸书的推荐流由一系列算法控制，这些算法决定了你将看到什么内容；其他人则可能得到一组完全不同的信息。这样做只是为了赚更多的钱。

事实上，脸书和其他公司对人类大脑和什么能让你兴奋进行了相当多的研究。如果像脸书这样的公司向你展示了你喜欢的东西，或者强化了你现有的信念，你就会受到内啡肽的影响，从而想要更多地参与，然后你又被击中了，等等。正向强化的系统让人们对脸书上瘾。

在新冠病毒危机之前，脸书的普通用户会在他们的应用程序上滑动相当于自由女神像高度的内容。根据脸书广告团队的数据，在新冠疫情导致的封锁下，这一数字翻了一番。

但是，如果你简单地让这些算法进化，让人工智能决定显示哪些信息，以及向哪些人显示哪些信息，会发生什么呢？如果在决策过程中你把人类因素从循环中移除？

事实证明，挑衅性的假信息比枯燥陈旧的准确消息要刺激得多。越来越多的人开始在社交网络上分享这些挑衅性的信息，你会得到被称为信息瀑布的东西，在那里，虚假的谣言被人工智能加速传播。"假新闻"由此而生，大约24亿人在脸书算法的支持下获得他们的新闻和评论。

与此同时，真正的新闻业正在衰落。毕竟，现实根本无法与阴谋论者的想象相抗衡。因此，这个行业正在经历混乱，成千上万的人被解雇。机器开始影响甚至决定越来越多的人持有的观点和思想的长期模式，这对社会观点和规范的更大影响仍有待研究。

人工智能未来的暗示

这给我们带来疑问，即面对人工智能的破坏，职业、行业和工作会有怎样的未来。

我以前在麻省理工学院的一个学生斯内吉娜·撒迦利亚（Snejina Zacharia）为了重新定位她的职业生涯，在麻省理工学院攻读斯隆管理学院工商管理硕士学位。在商学院之前，她曾在高德纳（Gartner）担任管理顾问，在那里她花时间从结构上思考未来，以及技术如何影响现实。在麻省理工学院时，她决定进入保险业。乍一看，这个行业不是你在评估未来职业时会自动想到的。

　　然而，撒迦利亚有一个计划。她指出了美国保险销售方式的结构性低效，以及人工智能系统将如何帮助消费者提高定价和流程的效率——以牺牲人工中间人保险代理人为代价。就像客涯旅游搜索引擎（Kayak）让旅游经纪人脱媒，帮助人们以更低的成本找到更好的机票一样，撒迦利亚的保险比价网站 Insurify 也在寻求利用类似的人工智能系统，帮助人们以更低的成本找到更好的保险覆盖面。一旦她围绕客户分析和营销调整了自己的计算机系统，她就成功地将收入每年翻一番，并有望创建下一个金融科技独角兽。

　　在人工智能的颠覆中有什么避风港吗？让我们现在把注意力转向最脆弱的就业领域，接下来的章节将调查可能更容易被人工智能替代的职业。

第 4 章
目标范围：脆弱的工作种类

据牛津大学马丁学院的研究人员估计，到 2030 年，美国 47% 的工作可能会被人工智能取代。他们研究了 702 个工作类别，发现人工智能风险正在从低技能职业向高技能职业转移，从重复的、无脑的任务向需要高阶模式识别的任务转移，从所谓的机械任务向更精细的思维形式转移。他们认为最好的防御位置，被取代风险最低的工作，将在需要"创造性和社会智慧"的领域，这一点我们将在第 6 章进一步讨论。

智能解决方案

我决定和人工智能革命前线的一位勇士谈谈。作为埃森哲咨询公司拥有 4 万人的强大人工智能业务部门的负责人，沃赫拉是一位热情、广博的思考者，他对人工智能和工作机会方面正在发生的事情提出了结构性和主题性的观点。他还在公司的管理委员

人机共舞
AIGC 时代的工作变革

会中占有一席之地，这让他拥有纵览埃森哲咨询公司所有业务和客户的视角。我认为他的话很值得一听。

沃赫拉认为我们"刚刚进入智能时代"，这一概念不仅包括人工智能的兴起，还包括对人类智能理解的增长，以及融合人工智能和人类智能两者精华的系统的诞生。在他看来，过去十年人工智能推动的数字革命是由爱彼迎或网飞等本土数字企业领导的，这些企业缺乏全球 2000 强公司所携带的"包袱"。现在，这场革命开始转向普通工业公司、传统消费品牌和企业生活的所有其他领域。

直到大约两年前，人工智能才刚刚作为首席执行官们的紧迫话题，但现在它已成为沃赫拉与多位首席执行官积极对话的一部分。他引导客户踏上一段旅程，鼓励他们考虑以下问题：当你考虑如何在你的业务中应用人工智能时，你特定公司的"好"是什么样的？你希望取得什么样的结果？它对你的劳动力有什么影响？当你有人工智能协助时，客户与你进行的互动会有什么不同？关于你的竞争，人工智能能告诉你什么，你如何基于这些知识做出不同的反应？

他用来想象人工智能在工作中的影响的试金石是采用企业资源规划（ERP）软件。正如沃赫拉所说，"思爱普（SAP）改变了世界。"一旦数据透明，大型老牌公司发生的变化将是根本性的。

埃森哲咨询公司采取了一种有条不紊、结构化的方法来将人工智能整合到组织中。埃森哲咨询公司审查一个业务，包括它的功能和过程，并确定其中的角色，然后考虑人类和人工智能如何执行这些角色，并围绕这一分析系统地重新设计业务。例如，你可能有一个包含15个角色的业务，其中6个可以由人工智能执行。埃森哲咨询公司与客户的部分对话也是战略性的，着眼于一个组织的结构问题，以及在人工智能自动化发挥作用的情况下，政府和劳资关系如何演变。

埃森哲咨询公司并不是唯一一个描绘劳动力系统演变的公司。麦肯锡咨询公司、德勤咨询公司、波士顿咨询公司和高知特咨询公司等几家主要咨询公司都在考虑人工智能在未来工作中的作用，世界经济论坛和经济合作与发展组织等多边机构也在考虑这个问题。值得注意的是，埃森哲咨询公司和万事达这两家截然不同的公司都把他们先进的人工智能部门称为"智能"，而不是"人工智能"。这是对人为的一种独特的抹去。这是一种内在的、不可避免的变化。就像我们不再提到"数字计算机"而现在称它们为"计算机"一样，我们也可能不再呼唤"人工"，而是通过一系列智能来看待这项技术，其中有些人工参与较少，有些人工参与较多。现在让我们深入研究人工智能未来中人类参与较少的领域，这些工作类别被人工智能取代的风险最大。

半熟练工和非熟练工

毫无疑问，最容易受到人工智能自动化影响的领域是服务性岗位、半熟练工和非熟练工。许多服务工作在人工智能世界中都是脆弱的。例如，尽管呼叫中心工资很低，且多年来一直是大量

劳动力的集中地，但它的员工正迅速被聊天机器人所取代。文书活动，包括秘书服务和日常装配线工人、招待人员（包括预订人员）、清洁人员——都容易被人工智能驱动的机器人取代。

我们可以将许多运输和物流行业也列入这一高度脆弱的类别。有了人工智能的牵引式挂车和自动驾驶叉车，我们可以潜在地将整个供应链置于一个完全自动化的领域。不需要睡眠和有限的电力中断（也许还可通过太阳能电池来进一步减少所需充电时间），一个端到端的机器网络仅在美国就可以让多达 500 万司机失去工作，在英国则可能有 120 万（相当于每 10 个驾驶工作中的 8.3 个）。是的，的确还需要机器人修理人员，但现在这不再是一个低技能或无技能的职位。

劳动力的增加

人工智能系统的二阶效应[①]（second-order effect）也是深刻的。优步、来福车和爱彼迎等公司的部分经济是由取代了人工调度员、预订员和经理的人工智能系统驱动的。一个由用户和服务提供商组成的网络被绑在一个双边平台上，在这个平台上积累和传播评级。杰拉尔德·戴维斯（Gerald Davis）的《消失中的美国

---

① 从结构力学引申而来的概念，指动作行为产生一层后果后，每个后果都有后续后果，即某个单一决定可能引发一系列无从得知或无法控制的因果关系。——译者注

股份公司》（*The Vanishing American Corporation*）阐述了一个观点：新浪潮科技公司正在取代老牌工业和零售企业，但工人少得多。他特别关注"优步化"（Uberised）劳动力的概念。

沃尔玛是世界上最大的私营雇主之一，拥有 220 万员工。如果明天，它解雇了 100% 的员工，并将他们转变为独立承包商，在像优步这样的人工智能调解和管理的应用平台上运营，会怎么样？当你走进商店，你作为一个消费者给你遇到的每个人评级。然后，人工智能分析这些评级，并与诸如员工上架的速度有多快等工效学和物流数据相结合，以帮助确定谁是整体表现最低的人。每天都有最低等级的工人被解雇。从消费者的角度来看，这将为你在商店里遇到谁提供更大的透明度，提供实时反馈机制，并从理论上通过激励员工取悦你来改善客户服务。

这对社会的影响是深远的：工人的工作时间将会减少，集体谈判的机会将会减少，对这些碰巧为同一大公司工作的个体户来说，雇员福利将减少。这将进一步剥夺工人阶级的权利，并增加沃尔玛股东的利润。这种利润的增长将有利于沃尔玛的投资者，讽刺的是，也包括大量的工人养老金计划。这个改变不需要额外的技术创新来实施，它只需要基于今天的技术即可实现。

理论上，如果沃尔玛有政治意愿和洞察力来抵御公众和政治家的愤怒，它几乎可以立即做到这一点。我不是在提倡它，但正如优步和来福车在世界各地城市大规模摧毁出租车行业所表明的那样，沃尔玛可能会面临风险，如果它不这样做，亚马逊或新的竞争对手就会这样做。沃尔玛成功地经历了多次技术创新浪潮，

从即时库存到电子商务，但它是通过专注管理做到这一点的，而不是因为这是不可避免的。就像巴诺[①]（Barnes & Noble）在 20 世纪八九十年代颠覆了小型家族书店，然后在 2010 年代被亚马逊挫败一样，沃尔玛也可能发现自己被逼到了角落里。"如果没有资本主义的恩典"，市场力量可能会要求今天的大公司继续寻找节约的方法，使用人工智能来保持竞争力。

分析角色

机器能比人更快更准确地做复杂的数学运算。这导致会计、银行这类"电梯资产"业务都面临着盈利扩张的巨大压力。你不能简单地降低工资，否则你的资产会从电梯里走掉，所以如果你想继续提高利润率，就需要重新设计他们的工作方式。

我们之前讨论了投资银行业务池和分析师队伍的持续缩减。其实审计员也是自动化工作的榜首，还有各种保险专业人员和税务专业人员。混合技术，如人工智能与分布式分类账的结合，可能会给安永、普华永道、德勤和毕马威这四个会计师事务所带来巨大而深刻的变化。如果你思考一下审计或税务的过程，就会发现它其实是一组涉及数字的高度可重复的活动。不同的数据集需要编译、组装和比较，还需要适用结构化的规则，以及法律和其他监管先例。更复杂的问题则需要分配概率并确定风险。例如，

---

① 美国曾经的最大实体连锁书店、第二大网上书店。——译者注

某种会计策略在技术上是合法的，但可能会导致昂贵的审计费用。这反过来又带来了一种风险，即如果会计师事务所的解释被视为无效，公司将需要经历与财务重述相伴随的费用、窘迫和市值下降。

税收得到了人工智能和区块链创新者的关注，部分原因是这一过程的重复性和分析性。今天，大公司在多个地区遵守不同的税收法规和申报方面花费了数百万美元。理论上，一个由政府支持的人工智能居间的区块链系统可以将处理时间减少到几分钟甚至几秒。政府的税务人工智能可以在特定的查询和控制参数内直接与公司的税务人工智能交互，并将许多今天需要团队工作数月的查询数字化。虽然这可以节省数十亿美元的成本，但这也意味着这些人力税务专业人员将变得过时。也许将来在该领域只剩下几个专家来考虑系统，但单个准备者的军队变得多余了。

解决避税问题是政府被人工智能吸引的另一个原因。据估计，每年因各种形式的公司避税而损失的全球税收超过 2000 亿美元。据经济合作与发展组织和联合国非洲经济委员会估计，非洲每年的避税成本在 500 亿至 1000 亿美元之间。税务表格的复杂性是一个重要驱动因素；根据世界银行的一份报告，遵守尼日利亚税收法规可能需要 908 个小时——超过一个月。发现和评估这些资金可以推动政府支持医院、学校、道路和粮食倡议的方案。

除了税收，还有信任问题。事实证明，信任和透明度是导致税收损失的主要问题。肯尼亚被认为是一个积极的例子，肯尼亚实施了真伪标签制度以帮助消费者识别假冒商品（据推测不纳

税），使税收遵从率提高了45%。相反，当被问及为什么不纳税时，许多非洲人会说他们认为不公平、缺乏透明度和担心资金被挪用。

人工智能，加上一个清廉、不可改变、透明的会计系统，可以帮助政府提供一条前进的道路，将复杂的、不透明的表单和过程完全或几乎完全自动化。而人类需要多年的训练才能从事的高价值事业，变成了机器的任务。

任何具有可重复过程和规则的事物

校对员，排印员……未来的失业者队伍的工作类别会不断增长。

人工智能导致了媒体就业市场中一些有趣的不连续性。一方面，像谷歌这样的人工智能广告系统摧毁了常规报业，人工智能文章推荐引擎取代了很多编辑；另一方面，人工智能新经济也赋能了独立创作者获得更大受众，产生更多营收。在线流量主每年平均可以赚5万英镑，顶级流量主可以赚数百万英镑，比Payscale（美国的一家薪水调查公司）统计的英国记者平均收入——24271英镑要高得多。

书籍作家可能不会长久成为受保护的职业。从某种意义上说，语言有它自己的规则，正如我们将在几章中了解到的那样，甚至我作为一个作者的地位也可能（最终）受到威胁。尽管他们还没有发明出一种人工智能，可以勇敢地吃下涂在不新鲜饼干上的橡皮泥般的黄色"奶酪"，然后在签名售书前向满屋子的人讲述幽默轶事，但人工智能已然获得了写作的能力。我们将在第 9 章中看到一位人工智能作者。

人工智能程序员

在有点"人咬狗"的情况下，越来越复杂的人工智能的建设将在十年左右的时间内被稍微不太复杂的人工智能接管，取代人类人工智能程序员。谷歌处于这一领域的前沿，它创造了一个名为 AutoML 的人工智能系统，这个系统可以在没有人为干预的情况下自行编程。也许不可避免的是，大多数人工智能编程在未来将由计算机而不是人来完成。它是为了应对机器学习程序员的人才缺口而创建的，目标是让具有小学教育水平的人也能够创建人工智能。

涉及人工智能的设计、支持、护理和喂养等步骤的岗位将继续有价值（正如埃里克·布林约尔弗森对我说的那样，"每一个机器人都有一个机器人修理工"），但工作岗位的错位，从创新曲线的 A 点到 B 点所需的混乱，可能会导致一大批无法转换的人永远无法就业。

结论

人工智能是一项发展了多年的技术，并在过去十年内加速了进化。它有许多不同的品种，从有点简单的基于规则的专家系统到更进化的机器学习平台。国际社会对人工智能系统发展的这一

复杂局面产生了兴趣。在七国集团中，英国在人工智能方面的投资相对于其人口来说是突出的，但这种领导地位将持续多久仍是个问题。

随着这些更复杂的计算机技术的出现，足以取代越来越多的人类劳动力和人类能力的能力出现了。这一过程并非没有道德风险，因为它创造了大量失业人口（这些人反过来利用投票箱表示不满）；有时并不是没有身体危险，像人工智能操纵机动车辆失利那样的危险仍然存在。人工智能自动化可能对发展中国家的制造业经济产生更严重的影响，但它会顺着工资阶梯向上，取代更多高薪岗位。即使是投资银行家，其队伍也因为人工智能自动化而不断缩小。

这并不意味着人类丧失了希望。毕竟，人工智能为未来敏捷和前瞻性的知识工作者创造了机会。

随着人工智能取代各行各业的人，从装配线工人到记者，你能做些什么来避免终身失业？如何适应并在人工智能时代的未来茁壮成长？在第二篇中，我们将探索维持你生存，并在人工智能支持的工作场所和社会中蓬勃发展所需的技能。我们将从认知灵活性的基础开始，然后讨论哪些职业可以更好地为不可避免的人工智能自动化浪潮做好准备。第三篇将带我们了解当"人类 + 人工智能"混合系统得到优化时，我们可以创建什么样的性能和什么样的组织的领域。

第二篇

防守

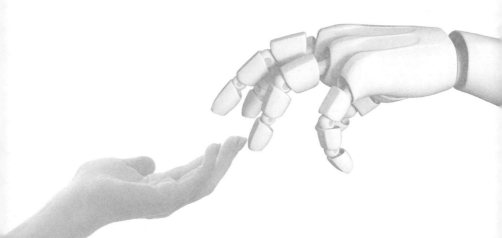

第二篇帮助您驾驭人工智能颠覆的危险局面。
如果您已经在工作岗位上，我们会帮助您了解
获得成功所需的关键技能，并对您在人工智能
影响下的职业生涯给出建议。

第 5 章
再培训与发展认知灵活性

认知灵活性是获取新知识和在动态的商业生态系统中有效运作的基石之一。随着创新节奏的加快，招聘者越来越多地在寻找这个基本的特质，并且对能够收集新想法并将其付诸实践的需求变得越来越迫切。人工智能将给工业和社会带来的变化，会使对劳动力需求的性质发生更快的变化。如果你想在人工智能时代保持竞争力，并在工作中脱颖而出，就需要重新训练大脑，这样你才能更快地学习，并将学习到的新知识应用到与你的工作场所相关的环境中。

不幸的是，我们接受的传统教育方式不适合用于快速学习新知识和吸收新思想。自公元 1100 年以来，教育制度的许多方面都没有发生实质性的变化。

一个聪明的人站在房间的前面，根据准备好的教案传达知识。一排排的学生，坐在不舒服的、吱吱作响的木凳上，试图把文字流变成自己可以使用的东西。这一场景无论是在中世纪的教

堂里，还是在 21 世纪的大学教室里，抑或是在世界上大约 26000 所高等教育机构中都看起来并不突兀。有趣的是，牛津大学便诞生于大约 850 年前同一地点的一个教会教学中心，但此后以其"导师制"而闻名，即两三名学生与教授就他们事先准备的工作进行积极对话。

导师制的工作方式是，在你完成一项作业后，与辅导伙伴和导师（你的教授）见面，得到关于作业的反馈，讨论一个话题，然后进入下一个需独立完成的作业。导师制也在剑桥大学使用，它结合了一些基于认知和神经科学研究的被认为是"最佳实践"的技术。不幸的是，大多数大学都不是这样运作的。那些学校把 500 名学生挤进一个大的阶梯教室，让一名教师在前面播放材料，这样教育学生的成本要低得多。毕竟，用多项选择题考试给学生评分比根据学生有效地表达和交流自己想法的能力来评估学生效率更高。

新冠疫情暴露了传统学习模式的局限性，一夜之间，世界各地的大学不得不立即转变为通过网络视频在线教学。一位教育工作者与我分享说，她被建议只是在 Zoom 上进行标准的三个小时的讲座，不需要其他准备。另一位教育家和我分享说，他觉得学生在学期的后半部分，即虚拟远程授课部分，只得到了他们应该有的 20% 的学习价值。

我们需要更好的方法。本章将帮助你思考旧的做事方式有什么问题，以及新的做事方式是什么样子。在本书的后面，我们将讨论人工智能是如何开始被用于提高学生在小组中学习和工作的能力，包括（以一种巧妙的方式）学习人工智能。

教育问题

我们目前的教育制度通过惩罚离经叛道和奖励遵规从众，在打击创造力和思维敏捷性方面做得很好。当我们还是孩子的时候，我们拥有很大的认知灵活性。我们能够发明和玩耍，与朋友一起创造故事，想象新的世界。然后，当我们进入传统的教育系统时，我们在训练中失去了认知灵活性。几乎所有现存的主要教育系统都将人们置于规则驱动的环境中，规定你学什么、学多长时间、学多快以及如何度过一天。

在某种程度上，这也延伸到了我们的本科教育中。它也与研究生教育相匹配，以至于我经常说需要几年的时间来重新培养研究生，以帮助学生们获得合适的就业机会。我教过许多研究生，尤其是读工商管理硕士的学生，他们都是出色的管理人员，他们把大学作为一个精心调整的跳板，以实现职业生涯的下一步。我也看到许多学生迷失在学术界的建设中，他们基于他们在顶级研究生课程中获得的知识而高估了自己的市场价值，然后在毕业后挣扎了几年，直到找到自己的立足点。我经常觉得我们给学生带来了伤害，因为我们提供了理论结构和智力上有趣的想法，但却没有将这些与管理实践联系起来。我们奖励那些认同我们认识论的学生，并给予他们对工作的抽象认知，而不是工作的能力。就我而言，我努力确保课程在学术尊严的严肃意图下，为学生提供

基于严格学术研究的观点和事实，并在现实环境中的实用性与学术知识之间建立桥梁，为此，我经常向他们提供实用工具和现实世界的例子，以便我的学生可以将理论应用于实践。

现在让我们想想在当今竞争激烈的工作环境中成功的专业人士。二十五年前，你需要理解互联网是什么，它意味着什么。十年前，你需要理解云以及它为什么改变网络系统。今天，你必须吸收区块链和人工智能等技术的信息，以及这场技术革命所必需的业务流程变化。五年后，我们所面临的将会是一些其他的颠覆，也许是量子或纳米或其他什么。我的大多数学生都是专业人士，他们需要跟上颠覆性的、技术驱动的变化，但同时也需要在日常工作中表现出色。他们不会休息两年去追求知识。他们需要的是在努力学习创新技能和能力的同时，仍在就业并建立自己的职业生涯。

你如何能在坚持工作的同时也跟得上时代？

你需要发展获取新信息的更好技能。你需要学得更快，理解更深入，保持在相关领域的头部，这样你就可以学习下一套技能。教育不再是一个固定期限的事件（也许是四年的本科和两年的研究生学习）。在人工智能赋能的未来，你需要每六到十二个月就能够获得新知识。

听起来不可能？并非如此。但这可能需要重新训练你的大脑。计算机系统或许可以提供帮助，我们将在本书后面讨论这一点。然而，为了真正扩展职业生涯，你需要从扩大人类大脑开始。

这是一个好消息，即你可以发展某些认知技能，既助力你的日常工作，也有助于你适应同人工智能协作的方式。这样，你的大脑就可以为迎接人工智能的未来做好准备。

当然，我也有一些坏消息要告诉你：根据哈佛大学和麻省理工学院大脑科学家领导的十一人小组进行的一项严格而详细的研究，改善大脑没有捷径。众所周知的大脑训练网站和游戏，如Lumosity，似乎无法真正帮助你建立一个更好的记忆系统。擅长一个大脑训练游戏，甚至不一定会让你擅长其他大脑训练游戏。

应该注意的是，在你的一生中使用数独（或简单地通过学习持续刺激大脑）等记忆游戏，可以在你晚年面临痴呆时给你一个更高的起点。此外，对老年人的一项早期研究表明，阅读、玩棋盘游戏、跳舞或演奏乐器可以避免认知能力下降。在未来，你需要同样的激活大脑的技术来推进你的职业生涯，这也可能有助于你安度晚年。

重塑你的大脑

我将提出五个原则，它们可以帮助你发展更大的认知灵活性和获取知识的能力，一旦你掌握了其中的一部分，你可以开始考虑其他原则：

（1）实践的重要性

（2）反思的好处

（3）持续渐进的变化

（4）同伴学习

（5）创造性探索

1. 实践的重要性

我认为本书中的知识是有价值的。然而，只有当你尝试应用这些经验时，它才会与你相关。如果你只是简单地读了这本书，然后把它放在书架上，尽管它可能会为你提供聚会交谈的素材，但它无法带来职业转型，也不会在越来越多的自动化进入劳动力市场之后，让你获得更好的结果。因此，"创新"应该是指一些新鲜的、有用的、付诸实践的东西。如果它是新的，但没有人使用它，这只能算是一个"发明"（invention）。正是在创新的这个维度上，人类仍然比机器系统保持着明显和持续的优势。

当我和麻省理工学院、牛津大学以及伦敦帝国理工学院的同事们一起教书时，课程的架构被设计成编织框架（frameworks），用教育学术语即为"鹰架"（scaffolding），即帮助你用例子（examples）构建心智模型（mental models），这样学生们就开始理解这个想法在现实世界中的样子，之后，学生们会尝试自己对这个想法进行解释活动（activities）。我的搭档彭特兰教授喜欢说，他的课堂上有意义的学习发生在课堂之外：它发生在学生团队之间的小组讨论中，他们正在接受学术框架，并将其转化为打算在实际环境中应用的东西。

"学习型组织之父"彼得·圣吉（Peter Senge）将心智模型描述为世界如何运作的内在图景。建立心智模型有助于将实践转化为更长期的知识。心智模型是指将一组事实或想法抽象成一个框架，然后指导你解决一个可能与你研究的不完全相同的新情况。它使你的大脑更像一个机器学习系统而不是专家系统。

如果你在密闭房间等无风环境中练习在固定的距离内投出一个坚硬实心的板球，你可能会成为在这一种环境中投出这一种类型的球的高手。但你无法适应不同类型球的结构，以及风和重力对投掷不同距离的影响。这意味着当你面对一个充满流动空气的沙滩环境投球，并试图让它在微风中击中目标时，你很可能会表现得很糟糕。不同类型的练习可以帮助你建立不同活动的心智模型，因为你在不同的环境中把理论付诸行动，而不是死记硬背地重复活动。

作为一个人，你仍然比一个非常好的人工智能可完成更多种类的任务，完成的质量也可能更高。自动驾驶汽车可能有传感器和激光雷达（通过使用激光测量距离）和闪电反射，但它有时很难区分静止和移动的物体。特斯拉的 Autopilot 是真正自动驾驶系统的前身，它在 2016 年导致了第一起人类死亡事件，当时它在明亮的天空中无法区分白色牵引卡车，当卡车从汽车前面穿过时，它就指导车辆径直开进了卡车下面，挡风玻璃撞到了人类驾驶员身上。相较之下，你的大脑就能够将"卡车"分类为"驾驶时要小心地移动车辆"的子集（"天空"和"道路"同理），并能注意到如果一辆车突然在你面前转向，你应该刹车。即使在遭遇2016 年特斯拉未能处理的那种情况之前，你只见过蓝色拖拉机拖车或白色汽车，你的驾驶心理模型也使你能够处理各种情况。自那以后，特斯拉当然取得了几项进展——其在新冠疫情封锁前发

布的涵盖 2020 年第一季度的汽车安全报告显示,特斯拉的自动驾驶汽车每 753 万千米行驶发生一次事故,比人类驾驶安全约 9 倍。但大多数人工智能没有特斯拉那样多的数据量,所以,就目前而言,你有能力让心智模型对你有利。

2. 反思的好处

你的大脑在一段时间内只能吸收一定量的知识。"等一下,"你可能会说,"你刚刚告诉我,我需要快点学习新的东西。"这也是真的。但这句劝诫的含义是劝告大家定期学习新技能,而不是在说你可以很快地把信息塞进大脑。临时抱佛脚并不能产生持久的知识,原因是你的大脑非常善于摆脱它不需要再抓住的信息。一旦你把知识写到试卷上,你对它的记忆很快就会退化。

教授和非大学培训专业人士喜欢推行"分班授课"或"分班培训"。原因不是这是最好的教学方法,只是这从时间表的角度来看更方便。就此而言,教育行业教会了教育参与者认为培训是你腾出几天时间、周末或连续几天进行静修的事情,他们可以把它排除在日常生活和工作外。但这种教学方式与我们大脑的真实运行方式相反。

当你第一次遇到新信息时,它会被保存在短期记忆中。你的大脑每天都要吸收大量的信息,其中大多数都不重要——我们真的需要保留我们在高速公路上行驶时在标志上看到的汽油价格吗?当然,我们的确记得太多的广告和网络迷因,但它们是不同的。我们的眼睛、耳朵和其他感觉器官处理的大量数据,大部分是在短期存储中被评估为不显著的、不重要的，并被丢弃。

　　然而，有些数据则被大脑认为是值得保留的。也许当你试图学习一门新学科时，你已经约束自己，把某件事归类为"重要的"。也许你试着一遍又一遍地重复这个事实。通过这样做，你实际上加强了存储数据的神经元之间的联系。然后，你高效的大脑将参与一个被称为"巩固"（consolidation）的过程，在这个过程中，我们大脑的化学和物理结构四处移动，将特定的数据从短期存储转变为长期存储（在结构定义上，是从海马体转移到新皮层）。

　　睡眠是这个过程的重要组成部分。它补充你的神经递质"弹药库"，这让你能更清楚地思考。它降低了你的皮质醇（一种压力激素）水平，帮助你更好地记住事情（高水平的压力已经被证明对记忆和回忆有害）。一个关于记忆的主要认知理论表明，你的大脑正在管理你的记忆，移动其中的信息，并将重要的信息放入长期存储。

　　当我被迫分班授课时，我喜欢使用的一个工具是在一天内提供一个练习或活动，尤其是在学生相互交谈的时候，让学生带着这些记忆入睡，并嘱咐他们在第二天早上要做的第一件事就是写日记和反思前一天的工作，然后以迭代的方式再次讨论这些想法。我发现人们能够通过参与、辩论、思考和重温的过程获得新的见解。马克·文特雷斯卡（Marc Ventresca）教授和我在赛德商学院（Saïd Business School）教授的一门分班课上使用了这种技术的一种变体，这帮助推动了几家初创公司的发展。据学生们说，

这是一段改变人生的经历（我们的课程的净推荐值为 100，这是衡量客户满意度的一种指标——最高值为 100）。

当你的大脑有时间仔细考虑、反思一个想法，并找出与该想法有关的特定信息在你的全部知识储存和心智模型中的位置时，它会做得更好。请记住，你的大脑需要进行"反思"。理想情况下，这意味着你在几周内间隔学习（通过上课或其他方式学习新材料）。

3. 持续渐进的变化

你能建立一个更好的持续学习的方式的唯一方法就是持续地改变自己，并允许自己花时间去改变。改变学习习惯无法一蹴而就，所以你需要自律，还需要对自己有耐心。你最好每天留出 30 分钟来做这件事，而不是周末一次做 4 个小时。因为我们需要的是每天尝试一些新的习惯，并在这些活动的基础上积累知识并强化习惯。

想想马拉松甚至 10 千米的训练：如果 5 天后就比赛了，你不会在早晨起床后连续跑几小时。相反，你所做的是从伸展开始，然后跑几千米。休息一天，你再跑几千米。再休息……在几周或几个月的时间里，你逐渐为比赛做好身体准备。

改变你的学习习惯以培养不断获得新知识的能力是一个耐心的过程，你需要花费时间。毕竟，学习是刻意的。我的意思是，你需要明确学习的意图，并非常刻意地保持自律来建立新记忆和新理解。它不是简单地发生在你身上的事情，也不是被动地消费有声读物或 TED 演讲作为刺激智力的活动。它们是学习道路的一部分，但只有它们也是不够的。

15 年多来，我一直想写书。我有一页页的笔记，上面写满了各种潦草的东西，但我上一次认真坐下来写东西还是在我本科学习时上剧本课的时候。为了从一个有抱负的作家转变为真正的作家，我开始撰写各种主题的专栏文章和领英文章（我现在在领英上累计写了 5.5 万字，这本身就相当于一本完整的商业图书）。我开始和合著者一起编写白皮书，最终完成了我贡献章节的卷。到我坐下来写《区块链入门》（*Basic Blockchain*）的时候，我已经有教练帮我筹备出稿了（我们的期限非常紧），而且，即使我感到"受阻"，也能每天坐下来写作；我还能克服创作惰性，这让我感到很舒服。我不是每天都能写得很好，而且我还需要修改，但我能够很快地写出初稿，因为我已经在两年的时间里养成了写作的习惯。

任何新的习惯，无论是写作习惯，还是学习习惯，或者其他任何东西，都需要引入新的行为（这需要一段时间来适应并流畅地进行下去），以及反复关注以确保你在坚持学习你的课程。跟踪你的进步，庆祝重要的里程碑，和你的朋友分享你的成就，这会帮助你给自己提供积极的力量，让自己继续前进。

4. 同伴学习

最好的学习方式之一是与同伴一起学习。例如，医学教育遵循"看一个，做一个，教一个"的原则。这使得学生可以迅速得到反馈，因为教师和学生的比例是一比一，当然，也有可能是一

比四。当我们想进行关键任务的学习时，我们仍可以依赖于这种基于同伴的学习模式。

你会注意到我经常使用像"学习"这样的词，而对像"教育"这样的词不屑一顾。我和我的商业伙伴贝丝·波特（Beth Porter）喜欢说："教育是你的遭遇，学习是你的行为。"而教师指导的培训是最低效的教育形式之一，即"讲坛上的圣人"（sage on a stage）模式——一位有学问的人向你吐露事实，而你应该把它们写下来，并弄清楚它们的意思。

我认为，指导他人学习的最好方法，是老师先提供一点信息，然后学生做一些事情来应用它，最好是在一个小组里。之后老师会提供更多的信息，老师和学生以小组的形式讨论它，然后学生自己去努力应用这些信息，并详细说明老师说过的话。最后，师生作为一个团体回到一起，批评各种项目，以提供进一步的见解。

我遇到过不耐烦的学生，他们抵制小组项目模式。"我为什么要和一群不如我聪明的人待在一起？"这些年来，有人以这样或那样的方式问我。我观察到，一些对被分配到团队抗议最激烈的学生也是从团队活动中受益最大的学生。

同伴学习的好处之一是，如果你被迫向别人解释一个主题，你自己往往会更好地理解它。起初，你对一个特定主题可能只有直觉上的把握，它在你的脑海中可能是半组织化的，但当你被要求将它的原理简化为一种其他人可以吸收的可解释的形式时，它会变得更为组织化且更牢靠。

这是麻省理工学院几年前进行的一些有趣的研究：科学家将699个人分成2~5人一组，让他们从事复杂的任务。参与者们在活动前先进行了智商评估。结果显示，最成功的问题解决者不是平均智商最高的团队，也不是拥有智商最高者的团队。相反，表现最好、群体智慧最强的团队是那些情商异常高的团队。

这一现象的部分原因是多样性：对一个问题有许多不同的观点，可以增加找到解决方案的可能性。事实上，美国西北大学对154家上市公司的350万名员工进行的研究证实，高度的多样性，加上有纪律和规模的创新功能，可以为公司带来最佳的财务结果。

在这些动态的群体互动中也发生了这样的情况，即团队互动迫使个人之间交换概念，强化最佳解决方案，抛弃有缺陷的方案，而不是在他们自己的头脑中反复思考问题。

在过去的5年里，最初的集体智力研究的作者之一彭特兰教授一直在与波特和我合作，创造一种可重复的方法来测量这些相互作用（被称为"工具化"）；开始对它们进行干预；并随着时间的推移，优化团队的表现，无论是在学习环境中还是在其他类型的活动中。我们围绕这个问题创建了一家名为Riff Analytics（以下简称Riff）的衍生公司，继续在这些领域进行研究。正如你将在第九章了解到的那样，我们发现，如果在正确的结构化环境中聚集正确的人群，并让人工智能帮助你更好地合作，你就可以获得更好的学习成果或创造新知识。

5. 创造性探索

掌握同伴学习也能打开更多创造性探索的可能性。创造性探索（或乐高公司所说的"严肃游戏"）是其他更先进概念的基石，它有助于复杂问题的解决。在人工智能的未来，任何分析或定量任务都将由机器更快、更准确、更可扩展地完成。人类的参与将集中在依赖情商的功能上，而这些功能需要创造力。到目前为止，我们还没能成功地创造出一个有创造性的人工智能系统，此处的"创造性"与我们在人类系统中使用的定义相同。

怎样才能让自己更善于创造性探索？

有人可能会嘲笑一个人有"孩子的头脑"。但当我听到这个表达时，我会把它与乐于接受新经验、神经可塑性（意味着你的大脑可以很容易地适应新想法，更擅长学习）和无休止的创造力联系在一起。传统教育系统的僵化秩序带走了这种创造力和游戏精神，剔除了任何不符合教条式记忆和反刍事实的部分。然后我们期待这些人进入世界，建立新的企业或为社会解决问题。事实上，随着知识变化速度的加快，记忆事实变得越来越无用，而批判性思维是永恒的。我们中的一些人很幸运：在本科阶段就受到了精心的训练，专注于批判性思维而非记忆事实。

孩子们无时无刻在从事创造性探索。当他们独自一人时，会虚构朋友或场景；当他们成群结队时，会集体设想英雄场景或奇怪的新世界。他们互相倾听和诉说，来回交换想法，尝试新概念，又毫不费力地舍弃它们，然后在无休止的创造中尝试其他概念。

棉花糖挑战是一个著名的创造性合作实验，它已经在全球范围内与许多不同类型的团体进行了合作。在十八分钟内，用有限的资源（一个棉花糖，一些绳子和胶带，二十块未煮熟的意大利面），参赛者以团队的形式试图建造出最高的塔。此项挑战为解决问题和群体动态打开了一扇迷人的窗口。汤姆·伍耶克（Tom Wujec）关于此事有一个精彩的 TED 演讲，解释了其中关键的见解，值得一看。

以下是一些发现：

五岁儿童是表现最好的群体之一。工商管理硕士和法律专业的学生在团队结构中表现最差，因为他们浪费了宝贵的时间来导航状态和计划，以寻找最好的答案，而不是试验和迅速放弃几个想法。五岁的孩子跳进去，立即开始尝试不同的配置，他们抓取碎片并用微妙的社交信号相互交流。值得注意的不仅在于表现出色的团队成员年纪小，更在于这是一个团体的活动，而不是由一个设计师提出想法——一帮孩子经常会产出有趣的结构。

最有活力、可扩展和可重复的创新往往来自创造性的合作，而不是独创的天才。事实证明，多样性是有效思维的必要输入。其原因是，对一个问题提出许多不同的观点，往往可以找到意想不到的解决途径，甚至开辟新的解决空间。毕竟，来自相同背景和文化的人往往会有相同的心智模式、事实基础和思维方式。你在头脑风暴式的讨论中引入的不同观点越多，就越有可能制造创造性的碰撞，产生真正突破性的思维。

因此，当你在工作中需要解决一个复杂的问题时，想想要和谁一起解决这个问题。你可以招募谁来帮助你分析和提出潜在的解决方案？你如何使你的创造性投入多样化？也许你可以和不同的同事一起进行头脑风暴，而不是简单地试图独自解决问题。你可以将几名来自不同职能领域或文化的同事聚集在一起，如果可能的话再邀请一些外部专家，围绕该问题进行头脑风暴。

释放你的创造性探索能力的关键之一是使用你大脑中的想象力部分，尽管它从未得到教育系统的重视。你可以通过写作或画画等各种练习来做到这一点。你可以冥想，以清除分散注意力的想法；你还可以正念，以获得对自己和周围环境的高度认识。如果你想要出类拔萃，就一定能找到与他人一起参与创造性游戏的方法。

我们已经花时间了解了什么是好的学习，接下来，我将讨论哪些学科在人工智能的未来中处于最佳位置。这次谈话并不局限于如果你到了大学年龄应该学习什么科目，因为随着技术发展速度的加快，我们正在进入一个时代，在这个时代里，你每隔几年，甚至每年都想获得新的技能，以避免被时代抛弃。

尽管教育改革是必要的，但目前世界上大多数雇主都希望你带着正规机构的证书出现，至少是本科毕业证。即使你已经过了上学的年龄，你可能有孩子、表兄弟姐妹、侄女或侄子，他们也会考虑该学什么。我自己的女儿和儿子也即将从学校毕业，面对社会的人工智能的 max Q（航空工程师称为峰值动压，或火箭发射中火箭机体承受最大压力的点）。作为一名大学教师，我会建议自己的孩子该学习什么？请读者在下一章找出答案吧。

阅读清单

出于简洁的需要，我们对认知灵活性采用了一种肤浅的视角。如果你想更深入地研究大脑实际上是如何工作的，丹尼尔·卡尼曼（Daniel Kahneman）的《思考，快与慢》（*Thinking, Fast and Slow*）是一个很好的起点，或者如果你不想读太厚的作品，可以读奇普（Chip）和丹·希思（Dan Heath）的《决断力》（*Decisive*）。马克·麦克丹尼尔（Mark McDaniel）、彼得·布朗（Peter Brown）和亨利·罗迪格（Henry Roediger）有一本关于学习的书——《认知天性》（*Make It Stick*）。此外，桑贾伊·萨尔马（Sanjay Sarma）和卢克·约昆图（Luke Yoquinto）的《领会》（*Graph*）[①] 果断地总结和解释了围绕学习的整个认知和神经科学研究。詹姆斯·克利尔（James Clear）的《原子习惯》（*Atomic Habits*）也是一本有用的指南，它可以帮助你每天改变一点行为，以获得新的学习能力。最后，奥斯汀·克莱因（Austin Klein）的《像艺术家一样去偷：10条没人告诉过你的创意要诀》（*Steal Like an Artist: 10 Things Nobody Told You About Being Creative*）可以帮助你理解创造性（我们的目标）和原创（并不一定需要）之间的区别。

---

① 我发起的一个图书项目，并帮助编写了提案。

第 6 章
最佳的研究主体及其原因

当你希望工作有保障，以及你想在本科阶段攻读一个有前景的专业时，你可能会认为计算机编程将是一个很好的方向。人工智能无处不在，我们也可以将它作为就业方向。但是，这也并不"安全"，计算机程序员将首先被"没有代码"的系统取代，在那里人类可以简单地告诉计算机它想发生什么，然后系统会帮助人类自动设计程序。也许最后失业的人类程序员将是那些专注于系统背后的理论设计和体系结构的人，但有一种非常真实的可能性，二十年后我们将看到一个世界，在这个世界上，"计算机架构师"将是相当抽象的概念化者，或者软件工程功能可能将由一个管理员组成，他为一系列机器提供指导。虽然这不会在短时间内发生，但当我们展望十年或二十年，对职业生涯做长期规划时，工作保障问题就不得不被纳入考虑范围了。

"哪些学科领域最适合以人工智能为主导的未来生活？"这个问题的答案可能会让你大吃一惊。

略论哪些不该研究

编程语言、区块链、任何重分析和计算的应用领域——这些都可能被智能机器取代，或者被技术创新淘汰。过去几年，我曾多次劝人们不要攻读"金融技术博士学位"，并鼓励他们考虑别的专业，如"金融服务"或"技术创新"，撰写侧重于金融技术的论文，这给他们带来好处的时间，要远长于五到十年的技术周期。汽车工程也可能演变成一种爱好而不是能获取利润的劳动：在拼车系统和自动驾驶汽车的兴起之间，我们很可能已经度过了汽车保有量的高峰期。

会计，曾经被认为是最安全的职业道路，但是精算专业，甚至法律预科，正如我们前面所回顾的，都处于风险之中。值得一提的是，从焊接到擦窗的一切都很有可能实现机器人自动化。

哲学与人工智能

正如我在开头提到的，哲学可能提供了一个有趣的平台，让我们能通过这个平台进入人工智能领域。未来的"人工智能程序员"可能更多的是与机器对话，而不是向机器发号施令，这就需要他有批判性推理和形式逻辑的知识储备。对话式人工智能，以及不需要计算机编程就能让它们做某事的人工智能，正在迅速成熟成为研究的前沿领域。事实上，近十年前，牛津大学物理学家大卫·多伊奇教授就假想过哲学可能是实现人工通用智能的关键，他的说法在今天仍然有效。

哲学提供了一个比人工智能开发更广阔的视野。正如科技亿万富翁马克·库班（Mark Cuban）在 2017 年西南偏南音乐节[①]上指出的那样，哲学学位可能能够帮助你以更敏锐的眼光评估事实，并看到更大的图景。库班的财富是通过创办 Broadcast.com 创造的，他不仅发现了互联网上富媒体的趋势，还十分重视知识产权对于通过数字媒体播放职业体育的作用，然后，他足够敏锐地发现了市场上的差距，并熟练地与他的合作伙伴成功获利。导致大的回报的是大的图景，而不是更好的技术。

创造力的火花

创造性艺术仍然是人类独特的天赋。虽然你可能会看到人工智能用数字羽毛笔和画笔来创作"艺术"，但我发现这些图像（无论从概念的角度来看多么令人兴奋）缺乏同理心。人类艺术家所传达的情感亲和力是机器仍然缺乏的，无论是在美术还是在表演中。

相较于创造性艺术，机器发明还算是一个新奇却有限的领域，至少人类大脑指导机器实施者似乎比在整个审美过程中完全取代人类更有可能。尽管人工智能系统取得了进步，但人类的触觉仍然是将基于碳的认知（即智人）与基于硅的技术结合的

---

① 原为小众先锋音乐节，随着 1995 年新增电影和多媒体版块后，逐渐发展成为科技艺术盛会。——编者注

关键。

我问管理着埃森哲咨询公司四万名人工智能开发人员的沃赫拉，他会给自己的孩子或我的孩子什么建议，让他们毕业后有一个稳定的职业生涯。沃赫拉有一个刚读完大学的儿子，他的儿子想进入一个新的专业领域人机交互。正如他所说，"设计人工智能来满足人类"。正如数字媒体时代需要用户体验（UX）设计，人工智能时代也需要人工智能界面设计的角色。该角色可以利用人类的独创性来打造人类和机器之间的界面。

人情味

医疗保健也是一个不错的领域，在可预见的未来——十年、二十年或可能三十年——人类仍然需要在该领域中处于前沿和中心，这其中不仅有医生，还有护士、药剂师、医生助理、物理治疗师和其他医疗保健专业人员。虽然人工智能开始以辅助角色出现在医学的各个领域，如癌症诊断和治疗计划推荐，[5]但最终负责的仍是人类决策者，以及与患者一起工作的人类医疗专业人员。此外，牙科技师是一个需要熟练度的职业，在未来的二三十年里都很难被人工智能驱动的机器人取代。

决定治疗过程的不仅仅是人类做出的道德和伦理判断。如果医疗专业人员与病人积极互动，病人就更有可能遵循护理指示，甚至参与自发的活动来恢复健康。毕竟，当病人与他们的卫生专业人员建立以信任为中心的情感联系时，病人更容易恢复健康。[6]

这在目前，以及将来的很长一段时间，都不是做护理指导的机器可以轻易复制的。

心灵的艺术

心理学、神经科学、认知心理学都是受益于人工智能技术的领域，但仍然需要人类的发明、解释和互动。尽管有我们的好朋友 ELIZA，但有效的治疗仍然需要人与人之间的联系。目前一些组织正在尝试创造的情感机器人伴侣，距离完全取代训练有素的治疗师，或者大型组织中雇佣的工业心理学家，还有几年的时间。教计算机理解人脑的复杂性，以帮助来访者实现自我，无疑超出了我们所能预见的人工智能系统的能力范围。

未知的准备

在当前的世界中，知识变得越来越复杂，事实和数字是每个人都想要的。这与今天的"谷歌大脑"所畅想的世界不同，在那里，人们变得健忘，因为所有的知识都离搜索栏只有一步之遥。相反，我们可能有一个与我们的意识联系在一起的被机器赋能的世界，在我们需要信息的时候，即刻为我们提供所需的东西，并在这个过程中加速我们的信息吞吐量。这是埃森哲咨询公司的沃赫拉对于智力的曙光时代的一部分设想。

不同地域间的人们更紧密的联系以及算法灌输给他们的信息

也为社会带来了分裂和偏见。不当的机器助手设计，会使我们走上一条非常狭窄的思维道路。试想，如果你的大脑植入物发现你对某些言论感到不舒服——也许你对某些与你的认知有偏差的信息感到恼火——它是否会通过不向你展示它认为你不喜欢的信息来改善你的生活？本质上，这是脸书算法正在做的事情，它产生了危害，因为人们被两极分化成一系列支离破碎的回声室，在那里他们只与同意他们的其他人互动。我们不需要很大的想象力就能预见到这样一个未来，即这种"脸书效应"在所有辅助获取信息的模式中变得司空见惯，无论是由扎克伯格还是由另一个科技巨头提供。

我们看到人工智能正在入侵越来越多的行业，整个社会的技术创新速度又越来越快，因此，能够为人工智能未来做准备的本科教育可能普遍建立在批判性思维、认知灵活性和培养情商的基础上。毕竟，在一个人工智能承担重复的分析任务的世界里，软技能变得更加重要。这将扭转过去三十年左右的教育模式，原本倾向于金融、商业或计算机编程等职业前学科，一直试图引导学生进入半职业培训，从事被认为"安全"的工作。这导致了工科学校崛起，而小型文理学院凋零。然而，现在社会对文科教育的需求可能会增加。

既然没有人获得"软技能"学位，那么哪些学习课程可以帮助你为未来做好准备？

有些学科和相关的课外活动可以帮助我们发展软技能。哲学、创造性写作、戏剧都可以促进我们与他人互动，磨炼批判性

思维和解决问题的能力。作为大学校报的编辑，学英语的学生不仅要学会处理语言问题，还要学会激励和管理团队，因为这些团队不是为了钱而工作，而是以正在完成的工作为荣。让一群组织简单的本科生参与、专注并在截止日期前完成任务，并获得充其量只有比萨和啤酒的报酬，这需要在领导力和情商方面有精湛的表现。

情绪智力

多年来，情商的"软技能"成分在教育中被抛弃，并被更多"有形"的事实、数字和能力所取代。有趣的是，随着人们对软技能与企业成功之间关系的认识提高，各机构越来越关注在员工中识别、招聘和培养情商。但该领域仍处于起步阶段——受过传统方法训练的经理人一边在口头上强调对情商的需求，一边又拥护着技能量化（因为它们更容易衡量）——至少直到他们用人工智能取代整个部门，从而使它们变得多余。情绪智力更难外包给机器，尽管较新形式的人工智能也包括那些帮助测量和发展情商的人工智能，有关这点的内容，我们将在第三部分讨论。

接下来我们先将讨论范围扩展到防御工业的战略视角。你想在哪里以一种适应人工智能潜在自动化的方式发展你的职业道路？

第 7 章
适应性强的行业

哪些行业将被证明在未来最有适应性，或者至少最有能力从人工智能技术中受益？

对于这个复杂的问题，我不得不承认，要争辩出令人信服的答案很难。毕竟，没有一个神奇的闲职能提供三四十年稳定的收入。哪里有人，哪里就有劳动力；有劳动力就有成本，有了成本，资本主义和公共市场的无情力量就会提高市场效率，即减少劳动力。尽管德国等一些国家让工会参与公司治理，但在与其他地方的公司竞争时，保护高工资工作岗位将造成自然的低效率。

普华永道的全球数据和分析主管杰拉德·维尔韦吉说："任何行业或企业都无法免受人工智能的影响。"我同意这一观点。你可以跑，但你不能躲。然而，你可以专注于对人工智能干扰更有适应性的行业，并以某种方式在这些行业中深耕，以扩大你对机器的领先优势。

人工智能适应性的答案——帮助你随着人工智能的发展而发展

的职业领域——将与我之前描述的最佳本科专业的选择相一致，但也包括蓝领职业。最受保护的行业需要创造力、情商和其他"软技能"，或者它们需要机器人在我们目前的技术状态下还难以获得的能力。

健康

在一段时间内，卫生服务在很大程度上仍将是人类从业者的职责。医学的某些领域，如放射学或诊断学，人工智能的表现等同于或优于人类医生，但目前的医学护理标准仍要求具有人类责任的人类决策者。此外，患者更喜欢与人互动，尤其是在身体保健等领域。毕竟，目前为止我们还没有创造出一个人工智能驱动的机器人，可以进行舒适的床上擦浴服务。

不是因为我们不能自动化机器人医疗沐浴——十多年前，佐治亚理工学院的研究人员就创造了一个机器人，它可以进行海绵沐浴，而是因为大多数人宁愿接受另一个人的同情和照顾。在更遥远的未来，当真正的人形机器人出现，有了以假乱真的形态，或者如果在 Roomba（一款智能机器人）的服务下长大的一代人达到退休年龄，他们愿意被机器触摸进行亲密的个人护理，这种情况才可能会改变，但在那之前，人类卫生工作者是安全的。

表演艺术

现场表演，无论是戏剧、音乐还是舞蹈，仍然是一个受益于人情味的领域。新冠疫情已经在这个领域造成了影响，但随着疫苗接种率的提高，人们将再次去参加音乐会和演出。人类是群体性动物，我们有一种内在的相互联系的需求，这种联系可以通过现场表演来获得。看预先录制的表演是不一样的，它失去了表演者与观众之间的反馈循环。除非我们能创造出非常类似人类表演者的类人机器人，它还能够动态地与观众互动，从而与观众建立联系，否则我们仍然需要人类表演者。毕竟，通过共享体验的人群所创造的联系在数字环境中很难被复制。

零售、餐馆和其他个人服务

我记得 20 世纪 90 年代，当电子商务热潮兴起时，人们担心亚马逊和 eBay（一个电商平台）会导致面对面零售的终结。在某种程度上，这一预测是正确的：亚马逊正在探索将废弃的杰西潘尼（J. C. Penney，美国的大型服装商场）和西尔斯百货（Sears）改造成购物中心内的仓库设施。但是，人们仍然更喜欢看到、触摸和试穿商品，所以亚马逊也一直在探索现实世界购物的高科技变体：省去烦琐的结账流程，你只需走出商店，手机和你正在购买的产品上的无线发射器就可以自动处理你的购买信息。此外，亚马逊还下了 137 亿美元的赌注收购美食杂货店。餐馆也不是一个机器人友好的环境，在大多数国家，人们更喜欢人工服务器。新冠疫情可能暂时在一定程度上改变了这种情况，但我预测，一旦疫苗接种率达到一定水平，我们将重新走进餐馆。

其他个人服务仍然需要人类来做，可能会持续一段时间。按摩治疗和物理治疗仍然需要人类亲力亲为，尽管有各种各样的按摩椅和其他机器可以帮我们移动和伸展身体。发型师和指甲技师也很难被机器取代，因为它需要与个人互动并且技术也很复杂。

不同工种最终可能走向不同的结局。随着机器人劳动力越来越便宜，我们可能会看到低端的机器送货，并且这些机器还带有为"时髦体验"保留的人情味。我们很难说麦当劳餐厅的员工比一台机器带来了更多价值，毕竟你可以更快、更便宜地从机器人系统中获得快餐，而且这项工作人工智能很容易完成。相反，我们很容易想象，在二十年后我们还会在伦敦的广场或新加坡的 Waku Ghin 餐厅和（人类的）主人交谈，或者在纽约的 Le Bernardin 餐厅接受侍酒师的推荐。

能源系统

安装风电场或太阳能电池板的工作在未来十年或二十年仍需要人来完成。在更远的将来，机器人劳动可能会取代人类；但目前，我们仍然依靠人手来竖立风塔或放置面板。也就是说，电力工业依赖于人为实施和部署电力系统，并至少对它们的维护进行一些人为干预。在一定程度上，有些机制仍然受益于人情味——人们有意识地决定不让人工智能完全控制核电站，而是要求人类在回路中的技术。石油和煤炭等采掘业尽管有各种自动化环节，但在上游和下游仍然依赖大量的人力。

建筑施工

虽然我不像一些人那样认为建筑业有很强的抵抗自动化的能力，但的确有一种观点认为人工智能取代人类还需要很长时间。这在某种程度上是由工作的性质决定的，因为房屋建筑中的体力劳动发生在各种各样的不受控制的环境中，受许多变量影响，一个受过中等训练的青壮年劳动力完全可以胜任，但即使是一个非常昂贵且复杂的机器人也难以处理。建筑业的行业结构导致了这个结果，毕竟，许多专业分包商需要在总承包商的指导下工作。家庭建筑的每一个元素都有一系列复杂的选择，这些不同的选择——从选择什么样的夹具到放什么样的地板——需要彼此无缝集成。虽然理论上机器人可以完成这些任务的一部分，机器人可以用从目录中选择的设计和从套件中拼接的部件来组装预制房屋，但大多数人不这样做。新住宅建设是在承包商的复杂生态系统中运作的建筑商的职权范围。

战略咨询

战略顾问更难自动化。毫无疑问，一些初级角色，尤其是分析性角色，正在被机器取代，但采访公司经理和员工、了解背景、确定创新战略或领域以及推荐解决方案等与人有关的工作将更难自动化。麦肯锡或德勤等大型管理咨询公司绝不回避技术。事实上，它们正在接受它，为此，它们收购分析和软件公司以追

求更好的利润。正如我们之前讨论过的，埃森哲咨询公司在内部有一个大规模的人工智能系统，自动化了许多重复的任务。然而，执行咨询项目需要产生新的见解和验证新方法，仍然是一个受到保护的领域空间——暂时如此。

该领域受益于这样一个事实，即人工智能的采用率很低且人类工作速度缓慢。尽管计算机能够对公司的最佳战略进行强有力的分析，但经理们仍然需要一位人类专家来告诉他们在哪里可以改进他们的运营方式。这不是一个可以自动实现的功能：我见过不止一家公司忽视了内部产生的创新，转而支持顶级咨询公司推荐的创新。如果他们不听自己人的话，他们可能也不会听自己的机器的话，而是在附在报告上的品牌标志中寻求安慰，以证明做出或不做出某个决定是合理的。随着我们越来越依赖高端的人工智能决策分析，这种情况可能会改变，但除非计算机能够与公司董事会建立信任和融洽关系，并指导首席执行官进行战略转变，然后帮助他在整个公司完成部署，获得普通经理的支持和心态转变，否则更高级的顾问仍然无法被取代。其结果是，这个领域的初级人员可能会越来越少。我们可能会看到某种倒金字塔模式，多个合作伙伴由较小的分析师和助理支持，而这些分析师和助理由机器系统放大，合作伙伴直接来自行业，而不是来自公司内部，但高级战略咨询仍然抵制人工智能。

管理咨询是一个既拥抱人工智能自动化，受益于其效率，又有一定的抗人工智能能力的行业。

政府

政府行业将是最后一批大规模采用人工智能系统的行业之一。我不是指有选择地将人工智能用于某些目的——帕兰提尔公司（Palantir）从几份政府合同中获得了近10亿美元的收入，而是用人工智能系统大面积取代人类政府工作人员。这里的"政府工作人员"具体指的是政府中的工作人员、专业人员和政治家。虽然在日本有一个人工智能要竞选市长，但这只是一个异常事件，而不是一个趋势。所以，管理不同政府部门和项目的普通政府工作人员仍能在未来几年保住自己的工作岗位。

农牧业

人工智能正在试图进入农业行业，但仍需要人类来照顾、喂养和收获动植物。即使有了垂直农业和农业自动化系统等创新，人类劳动力在农业过程的许多步骤中仍被需要。只有更强大、同时更便宜的机器人系统，才可能在30至50年的时间里，用机器大规模取代人，尤其是在发展中国家。

适应未来的清单

与第6章描述的个别专业一样，最适合人类参与的行业，具有以下一个或多个特征。当你选择职业和行业战略时，看看这些

属性中有多少可以附加到一个特定的领域：

需要高度的同理心或情商；

需要与人类、活体动物或植物的反复身体接触；

面对瞬息万变、变化多端或新奇的情况，必须有极强的判断力；

具有较高的创造力或艺术表现力；

需要直觉来获得竞争优势或更大的成功。

然而……

一个行业想要永远不受人工智能自动化的影响是非常困难的。因为随着人工智能变得越来越复杂，它们可以部署的领域的范围和性质也在增加。

但是躲在一个特定的领域不是答案。你如果想在人工智能时代赢得工作，就需要找到让人工智能为你工作的方法，而不是反对你；你需要利用它们增强你的能力，而不是变得和它们一样。

为了做到这一点，你需要具备人工智能素养和数字素养，即使在设计或医疗服务等主要以人为中心的行业中也是如此。

下一节将解释这种新兴的"人类＋人工智能"混合体模型是什么样子的，以及如何将人工智能引入你的竞争工具包。

第三篇

成为"半人马"

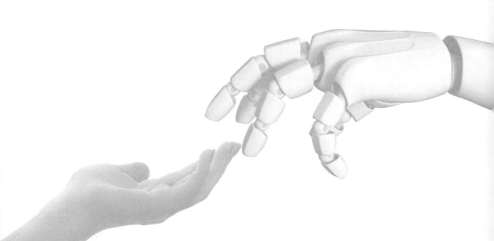

在第三篇中，我们从防守转向进攻，深入研究"人类＋人工智能"混合系统这一新兴领域，阐述其所具备的能力，并揭示其如何以不亚于工程师团队的专业技术在实际场景中应用它们。

第 8 章
"人类 + 人工智能"混合系统性能

想象一下我们日常生活中那些平平无奇的业务会议或项目会议。一般来说，每个业务经理或项目经理平均需要花费35%~50%的时间在会议上。这就是一个非常适合通过人工智能进行改进的场景。

让我们继续想象：一群人聚集在一个房间或者一场视频电话会议室中。如果他们幸运的话，这场会议将有议程安排。如果他们更幸运一点的话，还会有人主持会议，甚至还会按照议程安排推动会议进行。这群人或谈话，或讨论。也许这是一次头脑风暴会，一些新的想法将在这里产生并被评估，随后要么被采纳，要么被舍弃；再也许这是一个决策会议，会上将展示一些事实情况，参会人从应接不暇的提案中进行选择，并确定最后的行动方针。

无论是何种会议类型，都会存在对话。好的会议惯例不仅包含会议议程，还包括一个记录所有对话并撰写会议纪要的书记

员。遗憾的是，大多数会议都没有按照这种最佳方式进行组织，据估计，67% 的会议都是失败的，每年有超过 370 亿美元的资金被浪费在非生产性的喋喋不休上！

但即使是富有成效并产生了积极预期结果的会议，事实上也尚未达到它们本应达到的效果。近期我就帮助了这样一群人：6 名高管正在开发以数据新用途为主题的创新和增长项目。我主持了一场头脑风暴会，40 分钟内产生了 20 个新的商业想法（关于约束创新构思的好处，已经有了大量的文献记载）。在提供了一些关于时间跨度和机会范围的背景，以及我们想要使用的创新类型或模式之后，我在屏幕上放了一张空白幻灯片，之后，我们便开始用商业想法填充页面。

我必须仔细听每个人说话。视频会议软件在自由交谈时并没有什么用处，但至少可以让我在他们的肢体语言表达出他们希望说些什么的时候，及时发现，并让他们进行发言。但我的注意力不得不分散在许多事情上：我需要观察会议中的每个人，确保他们都在出谋划策。我需要解读他们在说什么，并在合适的地方记录下来。我还需要拆解他们的想法，因为其中一些建议实际上可以被分为两三个不同的创业概念。我全部的注意力都集中在主持会议上，这意味着我没有贡献什么自己的想法（我记得我在这次特别的交谈中只提出了一个想法），但这不是我在此次会议中的角色。这也不应该是我在会议中的角色，只是我的思绪都集中在会议主持的方方面面上。在 40 分钟内，我们产生了 20 个想法，然后列出了一个附有责任分工的时间表。但我发现我希望自己能在讨论时花更多的时间去进行思考和阐述，而不是去解读和记录会议。

我的一位朋友，也是以前的商业伙伴——汤姆·加德纳（Tom Gardner），在他多年的领导生涯中开创出一些有趣的会议管理技巧。加德纳曾是价值10亿美元的上市公司数据监控（Datamonitor）的首席执行官，在此之前，他是强生公司的营销主管，并因为泰诺非处方药而声名鹊起。现在他的职业生涯也在蓬勃发展：他是一名天使投资人，并在佛罗里达州萨拉索塔市积极支持公民权利。由于新佛罗里达学院欣欣向荣的数据科学项目，萨拉索塔市本身就成为生气勃勃的人工智能项目聚集之地。当我从安永离职与加德纳一起成立搜索基金时，我是安永首位，也是当时唯一一位常驻企业家。年终岁末之时，他让我住在他位于萨拉索塔市的家中，我们一起对未来作了规划（搜索基金的成功给我带来了一笔收入，足以让我在一段时间内切换赛道，并在麻省理工学院找到一份工作，不过这就是另一本书的故事了）。

加德纳身材高大、脸颊红润、面相威严，在经商之前曾短暂地当过职业橄榄球运动员。他一直痴迷于创新，很早之前就开始使用平板电脑，并带着它参加所有会议。当我们坐着聊天时，他会孜孜不倦地在平板电脑上打字，边说话边记录我们的讨论内容。坦率地说，这有点让人分心——但与此同时，在每次会议结束时，他都会立即给我们两个人（以及我们要见的人）发一封电子邮件，记录我们说了什么、做了什么决定，以及我们接下来要做的事情。

这种良好的习惯毋庸置疑是出色的管理小窍门之一，它能促使在人们记忆犹新时就记录下相关信息，还能为将来问责提供材料支持。你可以通过这点窥见加德纳是如何有效管理一家市值十亿美元的上市公司。

不过此时此刻，我们却在这里消耗着一位杰出的、不断敲击键盘的商业领袖的精力，浪费他的思考才能。他没有关注我，没有关注我的身体语言，也没有进行眼神交流。他那超大的手指，很像足球守门员的，很适合以压倒性的优势和你用力握手——但这双手现在却在敲击一个小小的电子设备，记录下我们的谈话。加德纳的注意力全都集中在他的屏幕上，而不是和他一起在房间里的人，这种方式会减少双方或群体内社交信号。在合作中，人们会做出反应的社会信号，有 80% 来自身体语言。所以如果有人在打字，而不是在看着对方，所有这些信号都会丢失。

事实证明，当我们坐在彼此附近并进行互动时，我们交换的社交信号比一些人以为的要有利得多。大量事例证明，这些社交信号对各方之间建立信任至关重要。在开始说话之前——通常是潜意识层面，我们就开始与对方互动，进而参与了各种信号行为。如果我交叉双臂，你可能也会模仿我交叉双臂；如果你觉得我说的东西和你息息相关，你可能会用一种开放的身体姿态聆听，也许会用点头、手势或非语言的声音提示（"嗯哼""嗯"等）来鼓励我继续说话。

但如果你专注于你的设备而不是我的脸，所有这些与个人联系和情感连接有关的信号都将丢失。

会议，重新想象

如果有一个不同的现实版本呢？

转眼几年过去了。我坐在马萨诸塞州剑桥市的一间会议室里，街对面就是麻省理工学院的剑桥创新中心。剑桥创新中心由麻省理工学院斯隆管理学院校友蒂姆·罗（Tim Rowe）创办，在WeWork（众创空间）出现之前，这里就已经开始承担着类似的作用。作为最早创立的联合办公空间之一，剑桥创新中心得益于其紧邻麻省理工学院园区的地理位置，并宣称其最具代表性的肯德尔广场容纳了500多家公司，并且那里往往也是从麻省理工学院独立出来的公司在商业成功路上选择的第一站。

几个认真的年轻人正在向我讲述他们在新业务中对人类和机器协作的设想。我们面前的白板很快就被文字、想法和图表填满了。

他们的带领人——麻省理工学院媒体实验室的毕业生本·维戈达（Ben Vigoda），已经有了一次成功经验：他的第一家创业公司利里克半导体（Lyric Semiconductor）出售给了亚德诺投资有限公司（Analog Devices，简称亚德诺）。在亚德诺负责一个孵化项目（我就是在那里认识他的）之后，维戈达提出了一个新的创业想法，他称之为 Gamalon——这个词来源于印尼的一种合奏敲击乐甘美兰（Gamelan），但故意改变了几个单词的拼写，预示着Gamalon 将以一种新的方式将人类和机器结合起来。

在麻省理工学院的企业家中，维戈达成功地为 Gamalon 获得

了超过 3800 万美元的美国国防部高级研究计划局（DARPA）资金，其中很大一部分在他不得不向风险资本家融资之前就已经到位。诚然，他可能拿出了一些自己的钱来为公司牵线搭桥，但美国政府在 Gamalon 的早期就提供了大部分财政支持。后来，英特尔资本等更传统的投资者也投入了资金。

维戈达平易近人而又聪明非凡，他留着浓密的胡须，让我恍惚间想起了罗宾·威廉姆斯（Robin Williams）在《心灵捕手》（*Good Will Hunting*）中扮演的心理医生一角的年轻版本——想象一下，就仿佛这个电影角色进入了数学领域而不是成为一名心理治疗师。维戈达在 13 岁左右就开始学习计算机，并以令人信服的能力进入斯坦福大学的实验室学习计算机。实验室的人给他找了一间杂物间，他向我描绘了激光打印机碳粉盒墨水的味道，因为杂物间就在打印机旁边。每当他回忆起第一次开始用 C 语言编程时的场景时，这一幕便栩栩如生地展现在眼前。长期以来，他一直痴迷于计算机。他在斯坦福的经历，以及后来在麻省理工学院的研究生学习，都对他走向创业之路大有用处。

维戈达记得他的母亲——一位人类学家，曾与他分享说，人类一直以来都拥有庞大的神经元网络，但现在一台生物电脑就可以具有令人难以置信的计算能力，而正是这种能力阻碍了社会的发展。

简单说个题外话：思维在人脑中移动的速度有多快？卡内基梅隆大学的研究人员提出了一种测量思维速度的方法，他们称之为每秒遍历的边数目（TEPS），本质上是衡量信息在计算机系统中从一个点到另一个点的速度。他们认为人类大脑的计算速度相当于 2.3×10^{13} TEPS 到 6.4×10^{14} TEPS 之间，为了方便起见，我们取 3×10^{14} TEPS。直到最近，人工智能的原始计算能力才超过了人类思维的速度。截至 2020 年 6 月，世界上最快的人工智能是 415.5 PFLOP（FLOP 为每秒所执行的浮点运算次数的英文缩写，一个 PFLOP 为 1×10^{15} 次浮点运算）。这里让我用数学来计算一下：1 TFLOP=1.7G TEPS，1 PFLOP=1000 TFLOP。所以，现在人工智能的最快思维速度是人类的 81000 倍。

但我们人类的思维仍然相当迅速，并且比人工智能灵活得多。试着用 Siri（苹果智能语音助手）点个外卖——一个普通孩子都可以不费吹灰之力完成下单。

维戈达还在继续向我描述认知和输出之间的阻抗匹配：超高速的人类计算机被一个微小的孔径（嘴）限制住了，这个孔径的工作速度约为 960 比特 / 秒。为了让大家理解这个比喻，我们来做个对比：你们今天享受到的宽带互联网普遍连接运行速度约为 130 兆比特 / 秒，比嘴的速度大约快了 500 万倍，所以我们彼此沟通的能力要慢好几个数量级。

我们拥有这台被称之为人脑的超高速计算机，它可以通过一个非常小的管道与世界交流，但我们在人和人工智能之间也需要建立神秘和特殊的接口。即使是借助人工智能技术的所有神奇能力，即使考虑到人类在计算速度和语音识别方面的进步，你现在也不能通过描述问题来让电脑帮助你编写程序。你甚至还不能像和你的同事或者朋友说话一样和它说话。

维戈达和他的联合创始人描绘了一个令人瞩目的愿景，一个人类和机器无缝互动的愿景。维戈达试图创建一个他称为"人工智能大统一理论"的理论。他的宏大理论汇集了关于人工智能的五大思想流派，这些流派之间相互竞争，推动了人工智能理论向前发展。他将它们集成到一个超级人工智能中，该智能比任何单一流派都能做得更多，而维戈达所说的"更友好的人工智能"是指你可以简单地通过交谈来获得你想要的结果。我们可以向人工智能解释我们的想法，它可以从我们身上学习，这是其他人工智能做不到的。

维戈达的团队将 Gamalon 带入了人工智能和人类互动的一个有趣领域。他们将这个新产品称之为 IdeaFlow，它可以通过一种所谓的"思维学习"技术，重塑人们在提到"聊天机器人"时所表达的含义。这个技术是基于这样一个事实，即基于语言的信息——人们说话或写作——主要是非结构化数据。如第 2 章所述，结构化数据就像电子表格一样被分为行和列，是一种高度组织化且可搜索的数据元素。非结构化数据就像把这本书中的所有句子，试图以一种对机器来说连贯的方式进行组织。而你作为一个由人脑驱动的读者，可以通读所有章节，并看到书的逻辑进展。当你阅读时，你会自动产生联想。当我在书的前一部分谈到自动化导致的失业问题，而后谈到就业赋能时，你的大脑可能会产生联想，将这两个截然不同的想法联系起来（人工智能能让我失业，它也能帮助我更好地完成工作或让我从事一份新工作），并将该想法与你围绕人工智能概念及其与人类系统互动而形成的元认知联系起来。你能做到这一点是因为你有一个人类大脑，它的设计意图是为了从混乱的宇宙中寻找意义。但一台普通计算机或者普通人工智能，就很难做到这一点。

计算机系统需要复杂精妙的程序来学习如何理解和处理人类言语这样的非结构化数据。Siri、谷歌语音、ECHO（亚马逊智能音箱）——这些技术都可以从口语中提取单词甚至句子。它们在英语交流方面表现很好，因为它们接受了来自美国西部工程师（和其他地域的技术人员）的英语训练。在许多书稿的撰写过程中，我能够口述完成的内容越来越多，可以达到三分之一到一半，苹果手机内置的转录功能也能够相当好地理解我的意思。虽然转录出的文字有些地方还需要纠正，但与 20 世纪 90 年代的语音转文本系统相比，这已经是一个巨大的飞跃——过去你必须通过给它们读预先录制的文本来训练它们。2020 年，一款开箱即用的消费电子产品几乎可以理解任何人的意思（通常是用英语说话），即使在不太理想的条件下，也能提供 95% 或更高的准确性，而那另外 5% 则成了流行文化中无数笑话段子的主题。

我与孟加拉国电信部长会面时发现，当面对孟加拉国 1.6 亿公民使用 38 种语言这种复杂情景时，这些当代人工智能系统依旧不够成熟，他对更优秀的人工智能很有兴趣，并希望以此作为促进公民融入社会的手段。孟加拉国很大一部分人口都是文盲，因此他们需要一个能够理解 38 种语言和多种方言并能做出反应的会话系统（不是基于英语的人工智能）。现有的人工智能系统无法满足他们的需求，他们需要的是更聪明的人工智能系统，其

至是更宏大的计划：这个人工智能是不是真的能理解人们的意思，并在他们向政府寻求税收、找工作、获得食品援助或处理住房问题时向他们提出建议？

Gamalon 希望将这一前沿技术推得更远。利用 Gamalon 的方法，人工智能不仅可以从音频或书面文字中提取数字，还可以从中解释和阐述想法。它可以创建一个熟知公司产品和业务的人工智能，并智能地响应客户的各种查询。任何与最初简易版本的聊天机器人打过交道的人都经历过令人沮丧的客户服务体验——那只是一台相对蠢笨的机器，提供的帮助也很有限。Gamalon 的 IdeaFlow 聊天机器人能获取网站上的内容，自动消化、提问和学习，并且会越来越擅长处理客户提出的各种问题类型，并知道如何回答这些问题。

当然，维戈达并不满足于此。他希望人和机器的互动方式能有更本质上的改变。回想起成长过程中他和母亲的对话，他想看到一个我们可以更容易与机器互动的世界，只要简单地向它们解释问题，人工智能就可以与我们一起解决问题。

心意一致

让我们重温一下我们之前谈到的那场"精心构造的"会议，或者我和加德纳的一次头脑风暴会议，并假装我们有 Gamalon 的人工智能参与其中。想象一下，如果有一个对话式的人工智能在倾听我们的讨论，利用语音转换数据自动生成我们的对话笔记。

再进一步想象，人工智能与我们的日历和电子邮件联系在一起，所以它对我们谈话的背景有一些了解。人工智能不仅能够转录我们的对话，而且还能理解这些话背后的含义，并能够提取讨论的主题，捕捉到哪些责任人被分配了任务，并列出项目计划。

在这种新型的人机混合互动中，维戈达和我可以直视对方的眼睛，专注于对方，而后台的人工智能系统充当了一个得力的数字助理。人工智能系统甚至可以将后续会议填充到我们的日历中。誊写、记笔记、安排日程这些苦差事都从我们的肩膀上卸下来了，所以维戈达和我可以专注于更高层次的思考。我所描述的就是数字助理在不久的将来的样子——我们已经拥有了实现刚才所提场景的所有技术。这些技术如今就存在于像 Gamalon 和谷歌的 DeepMind 这样的公司中，只是缺少足够的市场接受度和营收将其进行商业化，但这种情况在未来几年可能会改变。

想象一下，如果人工智能助理为我们保驾护航，为我们持续追踪我们想要记住的事情的进度，一个组织会变成什么样子。想象一下，如果我们不再遗漏任何后续事项，如果我们有一个毫不起眼却大有用处的机器能提醒我们关键工作流程的优先事项，帮助我们更好地管理团队和我们自己，从而使项目提前并在预算范围内完成，那我们的工作效率会有多高。我们还可以再进一步想象一下，如果这些人工智能系统还能够评估项目交付的可能性，并能够在预测到即将出现问题时帮助我们进行调整，会是什么情形。

医疗机器

"人类 + 人工智能"革命不仅限于会议室。想象一下这些新一代聪明的人工智能助理在医院里能做什么——它们可以帮助拯救生命。

你可能尚未意识到,病人在医院死亡的主要原因之一是所谓的"护理期过渡"。这一术语用来描述当一个病人从一位医疗服务提供者转移到另一位时的场景。根据世界卫生组织的数据,每年有 300 多万人死于医疗失误,而医疗专业人员之间的沟通不畅是导致这些死亡的主要因素之一。

让我们想象一下,你正在家里,突然感到呼吸困难,你的朋友、配偶或亲属叫来了救护车,救护车上的急救医务人员是可以与你互动的护理提供者。他们测量生命体征、检查呼吸、测量脉搏。他们会以某种形式捕捉这些信息,但也许并没有时间准确地写下来,因为他们正忙于拯救你的生命。

救护车在医院停下来。在急诊科,医务人员迅速地将你推上轮椅,与护士或医生一起检查你的症状。他们是否准确地记住了一切?他们是否传递了所有的重要信息?

急诊医生对你进行了治疗,但似乎并没有解决你的呼吸困难。机器的哔哔声和其他病人的呻吟声加剧了本就紧张的气氛,你的焦虑情绪达到了顶峰,情况进一步恶化。你的喉咙紧闭,他们无法进行气管内插管帮助你呼吸。急诊医生不得不进行气管切开术,在这个过程中,他们会切开你的部分喉咙,直接接触到你的气管，帮助你呼吸。你的情况暂时稳定下来，但情况依旧很糟糕，于是他们把你转到重症监护室。一名护士用轮式担架将你从急诊科推到重症监护室，向重症监护室里照顾你的新医生解释了你的症状，并和他一起查看你的病历。

在病人从一个护理人员到下一个护理人员的每次切换中——救护车医护人员到急诊科医生、护士到重症监护室医生——这些人之间都存在信息传递。但所有的信息都被正确传递了吗？在你的"病历"中——那些描述关于你、你的病史、你的病情、你如何被治疗以及使用了什么药物的文件，这些信息是否都有足够的记录？

电子病历本应有助于解决这些问题，但正如一位医生向我描述的那样，电子病历让她现在不得不盯着一台机器，而不是把目光放在病人身上。以往许多从目视观察中获得的关于病人健康的关键线索现在都消失了，因为她要确保这个笨重的电子病历系统能够记录下数据。我曾听过一场更具启发性的 TED 演讲，它提出了这样一场医学革命：在这个世界上，我们不仅有无国界的医生，还有无键盘的医生。当你知道了电子病历软件公司背后的战略时，就能理解为什么会出现这种现象了。世界三大医疗公司之一的首席医疗官向我解释说，他们所服务的客户不是医生或护士，而是医院的首席财务官。电子病历系统的优化是为了给首席财务官生成财务报告，而不是为病人提供结果。这样一来，很多事情就变得清晰明了了。

现在和我一起前往一个世界，在那里，维戈达和其他具有

创新精神的计算机科学家被允许在医疗场景中使用他们的人工智能。救护车、急诊室甚至轮床都可以通过麦克风向顶尖的人工智能系统提供数据，以改善护理条件，甚至帮助预防疾病。

但人工智能可以做得更多，而不只是倾听。安莫尔·马丹（Anmol Madan）是我在达沃斯世界经济论坛年会上经常一起吃自助餐的伙伴，他创办了一家名为 Ginger.io 的公司，通过人工智能技术为人们提供主动关怀。马丹开始创办 Ginger.io 时，借力于麻省理工学院彭特兰教授实验室开发的可穿戴技术所带来的计算社会科学突破。可穿戴设备本质上是人们可随处携带的微型计算机，能使健康测量从一个定期事件（你去医院，医生对你进行诊断，然后你离开医院）变成一个连续事件（你的穿戴设备不断监测你身体的各种信号）。手机是世界上最普遍的可穿戴设备，我们走到哪里都带着它，且上面装满了传感器，这些传感器会产生数据流，而经过精心定制的机器学习系统可以从这些数据中提取预测模式。

根据这些可穿戴设备上获取的数据，马丹和他的同事们意识到，患有慢性精神健康问题（如抑郁症）的人在他们能自主意识到这些迹象之前就开始表现出抑郁症状。他们接触的人更少，社交能力更差。他们较少走出家门，或者根本就不出门。当在家里的时候，他们走动得更少。他们的睡眠节奏也被打乱，要么睡得太多，要么太少，或者总是睡睡醒醒。

在用户允许的情况下，手机会通过简要信号获悉到人们日常生活中这些精神异常的情况，并联系该用户的医疗机构，以便在其不得不住院或状况更糟之前进行干预。Ginger.io 的人工智能助理不仅能知悉有关病人健康的信号，还能预测哪些信号表明其存在严重问题，并通过远程交互促进与医疗机构的互动，以便迅速解决这些问题。我们现在对于个人心理健康有了持续的保护，并提供了更好、更快且成本更低的关怀照顾。

当然，这些超级人工智能对个人隐私的影响是深远的。各国都有管理个人隐私的法律，这些法律规定了如何处理和保护医疗信息，以及在什么条件下可以分享这些信息。所有这些规定都需要在我们将人工智能部署到这些医疗场景中时加以考虑。欧盟和其他国家不仅制定了强有力的隐私保护措施，而且正在制定关于使用人工智能包括个人数据的规则和制度。

人工智能与工人安全

人工智能系统的应用不局限于白领的工作。波特是与我经常合作的伙伴，我们就其领导的公司 Riff 所开拓的一个项目展开了讨论。亚太地区的一家大型工业公司已经与波特进行了接洽。他们对使用人工智能来衡量和理解人类行为，以及提供反馈回路来强化人工智能的行为，有着强烈的兴趣。然而，还是这家公司，却对波特的人工智能系统在战略规划或过程管理中的应用几乎没有任何兴趣。他们正在着手考虑一个工人安全的问题。据说在他们大部分业务所处的那个国家，工人们有两种常见行为：第一，从来没有人上班请病假——你只要出现了就行；第二，人们会经

常和他们的朋友出去喝酒，喝得醉醺醺的，然后就这样来上班，并在醉酒状态下试图操作重型机械。那里的文化是这样的：如果你告诉同事你因为喝醉了而不能工作，那就会被认为你是在承认自己软弱。管理层的设想是，如果有一个人工智能系统，可以静悄悄地向员工反馈其在某一天的健康状况，且不会造成任何人格伤害，那就能阻止人们在喝醉时工作，从而有效地改善整体的安全情况。有趣的是，这一举措看起来有点侵犯个人隐私，但与其他安全措施相比——比如让一位工头或经理在每位工人到达工作场地时进行检查，并在发现工人喝醉后上班进行劝阻——这种方式的侵入性更小，也更不容易引起争议。

激活"人类 + 人工智能"

我们已经确定，我们可以把会议中大量单调、琐碎的工作转移到一台机器上，而这台机器可以帮助我们、我们的团队和我们的项目按部就班地交付一系列成果。我们已经探索了人工智能助理在医疗场景中（无论是在医院还是在家里）的使用，我们甚至可以用人工智能来降低工业事故的发生率。然而，我们的系统仍然是被动的，负责转录会议、分配后续任务的人工智能助理，正在后台静静地运行着，毫不起眼。它可能会从会议中提取表达的意思，但不会直接影响团队的运作或对话的质量。

要真正实现人类和人工智能系统的融合，我们需要更进一步。除了倾听和理解，除了解释和预测，甚至除了连接，我们还需要让人工智能与人类系统进行更紧密的合作。

我们需要让人工智能赋能我们的团队，正如我们将在第 10 章中讨论的那样。但首先，让我们对能够开启人类 2.0 的人工智能工具进行更深入的研究。

第 9 章
人类 2.0 的人工智能工具

　　我不打算赘述"在后台"运作的工业自动化系统。事实上，我们一直在使用人工智能参与管理公共运输；汽车制造系统几十年来一直依赖机器人；而大多数商业飞机的飞行很大程度上也是由计算机负责，人类则更多负责失效保障状况下的安全而不是操控设备。但让我们先把这些放在一边，着眼于人工智能在个人层面的应用。

　　让我们来看看已经无所不在的人工智能。我们可能还没有注意到，人工智能已经在以无数种方式帮助着我们，并从这些方面扩展到增强人类认知等新型前沿领域。这种人类和机器系统的混合体，我们将称之为"人类 2.0"。它将不可避免地引出"人类 3.0""人类 4.0"……的问题，我将在书中稍后讨论这些问题。

看不见的助理

　　如果你使用了安卓或苹果（这些系统已经覆盖了接近 100%

的智能手机用户）智能机中的任意一个，那么你肯定已经遇见过隐藏在其后的人工智能助理。这些数字小小兵在后台飞来飞去，并改善着我们的生活，要么让人完全察觉不到，要么细小到几乎没有人注意到。举例来说，当我刚刚输入最后一个句子时，我不小心把字母"n"误输成了字母"m"。我的苹果笔记本电脑甚至在我还没有察觉到之前，就已经自动为我修改了字母。

但这有时也会造成困扰，特别是在我写这本书的时候，输入法被设置为美式英语，但我提交的手稿需要按照英式英语风格编写，所以每当我输入一个含有"ise"的单词时，电脑就会"帮助"我自动更正为"ize"，我就不得不回去重新修改，这种情况的次数多到让人恼火。（当然，我已经试着手动更改配置，但也许是因为我经常在两种输入法之间来回切换，输入法出现了一些小故障导致没有奏效。）

总的来说，我发现这种自动更正还是相当准确的，对于其他能帮助人们更好更快地进行工作且不会引人注目的人工智能来说，这是一个不错的开端。谷歌进一步扩展了这个概念，它从分析你写了什么变成预测它认为你可能会写什么，即预测文本。由于每年有超过20000亿次的搜索，且这个数据量还在不断增长，人们最常串联在一起使用的词语会形成一个庞大的数据集供谷歌使用。谷歌首先是在搜索栏中添加了文本自动建议功能。例如，当我打开谷歌并开始输入"人工智能助理"时，"人工智能助理薪水"这一条搜索建议就引起了我的兴趣，所以我点进去进行深入了解。人工智能助理开始拥有劳动合同了吗？并非如此……在其

他搜索结果中，有一家名为 Zest AI 的公司正在招聘一名助理，而这条内容也出现在搜索结果中。

谷歌还是 Gmail 邮箱的母公司，并着手将其 18 亿电子邮件用户的数据输送给其语言系统。如今，当你打开 Gmail 开始打字时，它就会提供自动完成输入选项，你只需点击右箭头按钮就可以完成句子的拼写。这个功能被称为"智能写作"，可以通过人工智能技术来猜测你下一步打算写什么——Gmail 提供的文本会呈现出灰色，你只需要按下按键就可以直接使用，从而大大加快撰写电子邮件内容的速度。

通常来说这个功能效果十分不错，在我个人的经验中，它往往是正确的，我的写作速度也因此能提高约 10%。

但是，我无法百分百确定，是否需要人工智能助理帮我产出更多的信息。在我写本章节的那个月，我发现仅前三个星期就已经写完了 13 万余字，但其中只有 1 万字是这本书稿需要用到的。后来我就调整了比例，因为更多并不一定意味着更好。电子邮件和短信是一种很好的方式，它们能让别人在你的待办事项清单上加上某个事情，并保证发送的每条消息都会得到回复。谷歌和其他公司随后在消息中添加了各种各样的人工智能过滤功能，这种过滤在一定程度上取得了成功（虽然更多情况下，我发现重要的消息会被过滤成垃圾邮件，然后我就不得不去找回它们）。抛开对我自己工作习惯的社会文化或人类学研究，这些人工智能工具虽然可以解决需要处理海量信息的问题，但又产生了新的问题。

谷歌并不是唯一一家寻求将人工智能与人类活动结合，并将提高生产力深入到我们的工作流程与生活中的公司。苹果公司评估了数十亿次用户与智能手机的交互，并注意到一个简单的互动模式：许多人早上醒来时会查看天气预报。于是现在，每当我早晨一睁开眼睛并查看苹果手机时，手机锁屏上就会直接弹出让我查看天气的智能提示，而不必解锁手机或通过图标寻找天气应用程序。这些细微的便利之处给消费者带来了产品营销人员所谓的"惊喜"：我不知道我想要那样东西，但现在拥有它之后，我就喜欢上它了。

苹果的人工智能助理家族正在不断进步，但仍需要继续努力。相比较过去的转录器，它们已经取得了很大的改进，且可用性极高。根据我自己的体验来看，尽管苹果手机在辨别某些单词发音时有点吃力，但它的语音转录在 98% 以上的情况下都很好用。就像前面提到的，当我口述书中的部分内容时，苹果的转录器对我实际所说内容常常做出创造性的解释。

事实上，上面那个句子引用的是理查德·摩根（Richard Morgan）的《十三》（*Thirteen*）中的一句话——不妨想象一下如果允许机器具有创造力，它们会创造出什么。这句话基本反映了有时苹果语音转文字翻译器对我写作内容的转录情况。如果再深入了解，你会发现研究人员认为苹果的人工智能系统的表现不如谷歌、微软、国际商业机器公司和亚马逊，因为苹果的人工智能系统是在进行"即时"转录，而不是等待整个音频片段结束再试图弄清它的意思。滑稽的是，往往最开始的时候苹果是可以转录正确的，但当它得到整个片段时，就会重新思考，然后把一些部分改成让人无法理解的"单词沙拉"。

不过我对这些机器系统的嘲笑还是有点冒昧的。事实上它们的能力每年都会提高一个或多个数量级，而我即使是在状态比较好的一年里，能力也只可能提高 1%~5%。从统计数据来看，我的认知能力可能在 20 多岁的时候就开始下降了。根据其他一些统计，我还可以预见到自己在未来三年内在其他机体性能方面也会有所下降。但机器只会变得更好，很快它们就能吸收我的创作灵感，并能妙笔生花。

人工智能助理很可能会让你的大脑逐渐变得衰弱，就像一块未被充分利用的肌肉一样，于是"谷歌大脑"这个术语就随之产生了——人们不必在记忆中保留事实和数据，他们只需在搜索栏中输入几个字符就可以了。但是，如果人工智能可以学习我们所知道的和我们想知道的，并且在工作中向我们提出建议，以扩展我们的思路，甚至可能启发我们去往全新的、意想不到的方向——同时在所有情况下，这些情况都与我们的愿望和目标一致，那会怎么样？

让我们看看如果我们给人工智能提供一点提示，并让它帮助我撰写这本书，会发生什么……

人工智能作家

人工智能写作机器——在任何情况下都可以完全取代人类作者的软件系统，现在看来仍然有点遥不可及。但以人类提供原始内容并由机器进行扩充的组合，或者由机器生成文本然后由人类编辑的模式，已然存在于世。这种愿景令人向往，即人工智能系统不仅可以推测出几个单词，或在句子结尾做出判断，还能扩写出一篇完整的论文，同时保留原文的观点、语调和写作风格。

OpenAI 的宗旨是"实现安全的通用人工智能"。该公司由马斯克作为幕后支持者，并由金融科技独角兽公司 Stripe 的前首席技术官作为现任领导者。目前，该公司的 GPT-3 项目正在接近尾声①。据研究人员称，该机器学习模型拥有超过 1750 亿个参数。

在 GPT-3 模型之前的模型被称为 GPT-2。在写作方面，GPT-2 的应用更加广泛，且拥有大约 15 亿个参数。于是我将下面这些段落放进了基于 GPT-2 模型的文本生成器中。粗体文字是我写的，灰色文字是由文本生成器产生的。

人工智能写作机器——在任何情况下都可以完全取代人类作者的软件系统，现在看来仍然有点遥不可及。但以人类提供原始内容并由机器进行扩充，或者由机器生成文本然后由人类编辑的模式，已然存在于世。OpenAI 的宗旨是"实现安全的通用人工智能"。该公司由马斯克作为幕后支持者，并由金融科技独角兽公司 Stripe 的前首席技术官作为现任领导者，目前其 GPT-3 项目正在接近尾声。据研究人员称，该机器学习模型拥有超过 1750 亿个参数，并使用高性能数据，可以使其他编程语言更加高效和安全。我们编写新语言的方式是一个悬而未决的问题。这

---

① 2023 年 3 月 14 日，Open AI 发布 GPT-4。——编者注

些数据库只是机器学习模型的一部分。机器学习模型给了我们两全其美的结果。这是一种全新的编程方法。

在软件世界中，我们需要能够快速执行机器学习算法的工具。如果你正在设计运行应用程序的业务逻辑，那么除要了解应用之外，还要知道如何基于应用所产生的代码构建业务。"需要谨记的是，为了提高效率，在某种程度上来说，即使某些应用程序不需要休息，但如果它能休息一会，它将会运行得更快。"

看着还不错。只要再稍加整理，就可以放在我的写作内容里了。在接下来的一段中，文章开始发散。下面就是文本生成器生产出的内容：

开发机器学习模型是许多公司将软件设计落实到生产中的一种方式，但它同时也是在你尝试使用一项新技术之前对新用户进行培训和验证的一种方式。我们使用机器学习模型来了解软件以实现商业追求是非常重要的。因此，在这个开放的世界里，在这个开放的市场中，开始建立机器学习平台是非常激动人心的。机器学习模型的关键在于你必须了解公司是如何处理和分析数据来进行业务决策与执行的。举例来说，你面临着某个州一家软件公司所处的市场，机器在它的领域可以拥有很高的响应率。我们需要能够做一些事情，比如在数据公司中模拟数据公司遇到的数据问题。因为你的应用程序运行不是很快，于是你需要花时间重用这些数据，并尽你所能做到最好。如果机器学习算法能够预测并对数据库中的所有问题做出反应，它将有助于预测如何处理所有数据。最终用户会被给予一个清晰的路径来理解这些数据并学习如何使用它们。这些数据与你可能要做的数据库非常相似。一个使用组织的数据库，一个使用数据库的数据库，该数据库生成的数据库被不同的组织使用。同样非常有趣的是，我们可以从一个不同的状态和一组不同的过程，将机器学习应用到一个全新的应用平台上。

上述开放软件的示例正在帮助我们开发的新型商业模式是什么？

哎呀！我着实兴奋了一会儿。人工智能竟然可以在大约 30 秒内写出这么多个字。在没有人工智能帮助的情况下，我需要大约 30 分钟才能写出同样数量的内容。我梦想着，将来我只要给人工智能提供几个"种子"句子，它就能开始创作，这样，也许我就可以在一天内写出一本 6 万字的书。虽然目前的技术还没达到这种程度，但我相信出版商们正梦想着有一天可以用人工智能系统代替那些不可靠的人类作者……但商业出版商甚至不需要停留在梦想阶段，6 年前，他们就开始用人工智能系统取代人类撰写企业盈利报告这类结构化的文章。

人工智能写作进入新阶段

上面展示的例子使用的是上一代的系统 GPT-2，而 GPT-3 的

性能要比它更好，据推测要好一百多倍。在写这篇文章的时候，GPT-3 仍然处于封闭测试中。我尝试联系了 OpenAI 的董事长和首席技术官格雷格·布洛克曼（Greg Brockman），希望能得到一次技术演示，但截至出版时，还没有得到回复。我在阿拉姆·萨贝迪（Arram Sabeti）那里的运气更好些，他是一位富有创造力的未来学家和成功的企业家，当 GPT-3 问世时，他正在探索一些创业想法。在他的帮助下，我得以再次领略人工智能作者的风采。

人工智能写作机器——在任何情况下都可以完全取代人类作者的软件系统，现在看来仍然有点遥不可及。但由人类提供原始内容并由机器进行扩充的组合，或者由机器生成文本然后由人类编辑的模式，已然存在于世。OpenAI 的宗旨在于促使人工智能对人类更加安全可靠。该公司由埃隆·马斯克作为幕后支持者，并由金融科技独角兽 Stripe 的前首席技术官作为现任领导者，目前其 GPT-3 项目正在接近尾声。据研究人员称，该机器学习模型拥有超过 1750 亿个参数，他们说该模型"高度可解释"。该模型已经能够完成哈利·波特系列的第一本书，OpenAI 写到，随着模型的改进，它很可能能够自己编写新书，而不仅仅是复制现有的书。

在短期内，人工智能将对写作过程产生重大影响，为作家提供与机器协作并提高写作效率的新方法。最有趣的项目之一是脸书和多伦多大学的 Fast Forward Labs 团队之间的合作，他们开发了一种可以执行自动化预写过程的工具。该工具可以与人类一起生成主题列表，然后生成与这些主题相关的句子列表。该工具甚至可以为散文的结构提供建议。该工具有可能从根本上简化自由职业者和大规模依赖内容的公司的写作过程。

从长远来看，人工智能还将改变作家选择写作的方式。就像人工智能可以用来帮助人类作家一样，人工智能也可以用来帮助人类决定如何讲故事。这是通过使用称为"自然语言生成"（NLG）的过程来完成的。自然语言生成目前用于生成简单的东西，如简易信息聚合（RSS）提要，并为视频游戏创建听起来自然的对话。未来，人工智能将能够生成全文，并且该文本将与人类撰写的散文无法区分。

那些关于 GPT-3 的文章报道令人惊喜欲狂，但或许连它们都低估了 GPT-3 的潜在冲击力。《卫报》曾邀请 GPT-3 写一篇与自己有关的人工智能评论文章，"GPT-3 产出了 8 个不同版本的内容。每一篇都很独特、有趣，并提出了不同的论点。《卫报》本可以只刊登其中一篇文章的全部内容……编辑 GPT-3 生产的专栏文章与编辑人类的专栏文章没有什么不同。"我能想象，当各地的编辑部意识到他们可以在几秒而不是几周或几个月内就能获得文章和图书，并且立即就能获得基于编辑反馈而修改后的内容，他们一定会众口交赞。

作为一名教育工作者，我发现这种技术也引起了一些让我困扰的问题。现在，我们可以使用人工智能反剽窃软件来快速确定学生的书面作业是他们自己写的还是从其他地方复制粘贴的。但我们可以用什么工具来检测是否有人使用了 GPT-2 或 GPT-3？如果是在政治语境中呢？不过这个问题已经引起了 OpenAI 开发人员的注意。因为担心它可能被用来产生大量假新闻，他们对软件

的提供做了限制。

以我的经验来看，许多假新闻的写作质量与勒索软件和垃圾邮件差不多，且通常明显不如正常数据训练出的好。但令人痛心的是，许多在经济合作与发展组织国家接受过"教育"的人仍然会把关于 5G 的拙劣阴谋论当真。

并非所有 GPT-3 模型的未来都是严峻的，它们甚至可能开辟创造性表达的新途径。萨贝迪说，随着这些技术的不断发展，他认为三到五年后，事情将开始变得"不可思议"。

这不一定是坏事。

如果像他设想的那样，我们开始与人工智能共同创造我们的娱乐方式呢？如果我们的下一次网飞狂欢是告诉它的人工智能，我们想要一部科幻太空西部片，其中 30% 是惊悚和阴谋元素，10% 是浪漫元素，那会怎样？如果人工智能在我们观看的过程中当场生成了六集的节目，并在关键的情节点上要求我们决定当前情节应该往什么方向发展，然后输出内容，那会怎样？大批失望的《权力的游戏》粉丝，包括我自己，可能会很乐意重新制作最后两季，以获得一个更令人满意的结局，而这一技术正可以帮助粉丝们实现梦想。《黑镜》系列中的《潘达斯奈基》这一集也正是对这种"人类 + 人工智能"娱乐的发展理念的早期构想。

虚拟助理

我们似乎不可避免地会将聊天机器人与日历以及其他功能结

合起来，创造出虚拟助理，这种人类行政人员的劳动力转移，的确可以帮助忙碌的企业家或高管提高工作效率。一些人工智能助理已经变得相当出色。你只需将电子邮件导入其中，然后等待它安排会议即可。虚拟助理将扫描你的日历，然后生成一封电子邮件给你要见面的人，并给出几个建议的时间。它将解析他们的回复（接受、拒绝或修改），然后要么预订会议，要么与其他人合作，找到一个大家都方便的时间。

它们不是人工通用智能，但它们的确可以为你的工作增加便利，而成本只是雇用人类助理的一小部分：X.ai 每月收费在 0 到 12 美元之间，这取决于你是否配置了执行轮询调度的能力，或者是否与 Zoom 等视频会议系统集成。与伦敦的办公室助理每年 21287 英镑或纽约每年 49418 美元的薪水相比，你就会明白为什么虚拟助理开始流行起来。

当我向桑吉夫·沃赫拉询问埃森哲咨询公司如何管理其一系列人工智能时，他讲了一些耐人寻味的小事。在埃森哲咨询公司，可能会有一个业务部门，比如业务流程外包部门，其中 30% 到 40% 的任务是由机器来完成的。这些机器包括各种专家，以及一个指挥中心，成千上万的机器人时时刻刻都在运行。运作不佳的机器人会被诊断出来，送到"病房"，进行治疗并被重新部署。一个"破损"的机器人可能行为异常，或突然偏离正确的方向，就需要重新定位。我们可以假设有一个自动化的日程安排机器人在管理人们的日程，想象一下，如果机器人搞错了时区，开始把所有的会议放在早上 4 点，那会怎么样？当然，有一些人工

智能甚至可以进行自我修复，不过这本身就是一个很宏大的研究领域，而许多人工智能目前仍然需要人类来协助进行自我管理。

取代传统的人类助手？当然可以，人工智能系统至少让他们腾出手来处理更复杂的任务。虚拟助理也有另一个提高生产力的好处：负担不起普通助理或者不需要全职助理的人，无须支付任何费用，就可以获得日程安排的服务，并享受因此所带来的效率提升。由此，员工的整体生产力就能提高，作为一名专家，员工也就可以把更多精力放在高价值的工作上，而不是放在日常的安排任务上。

情商助理

哲思公司（Cogito）是彭特兰实验室在波士顿的另一个衍生公司，该公司专注于双人互动（一对一），特别是电话互动。如果你不能面对面地看到某人，即使是通过视频通话，你也会失去大量洞察对方对你的谈话内容所做出的情绪反应的机会。在销售会议中，这个问题可能是致命的。那么有可能仅从声音中就获得情感信号吗？事实证明，你可以的，并且可以表现极佳。通过观察两个人在电话中的互动情况，Cogito 可以确定销售对象有没有跟上销售座席的思路，以及销售座席是否应该放慢或加快语速，或直接跳到电话销售话术的其他部分。

非常优秀的电话座席能够本能地做到这一点，因为他们能够察觉到人们声音和说话模式的微小变化。然而，这种能力很难传授给大量的销售座席，也很难让大家保持一致——如果人类座席疲惫或分心了，他们就有可能错过那些微妙的声音线索。但人工智能系统可以填补这一空白，它会通过向呼叫中心座席发出信号，告诉他们需要做什么来与潜在客户建立更好的关系，并完成销售订单。

Cogito 借助普通呼叫中心接线员的能力，并跟踪和指导他们提高业绩，使保险公司瑚玛娜（Humana）的客户满意度提高了 28%，员工参与度提高了 63%。这些"半人马"式的呼叫中心销售专家，由人和人工智能的混合体组成，比一般的人类座席更出色。

那么我们如何将人工智能与人类的混合理念从一对一交互中扩展出来，并融入团队场景中？

会议斡旋者

在麻省理工学院，彭特兰的人类动力学小组花了数年时间探索如何让一个团队或一个组织更好地运作。在开创了可穿戴计算之后——事实证明，可穿戴计算是关于人和其所做之事的丰富信息来源，他们将注意力转向了其他问题：如何能够理解并积极影响群体互动以获得更好的产出结果。举例来说，这个研究让他们发现，通过改变银行的座位表，以确保相处融洽的人每天进行相互交谈，可以大幅提高生产率。从麻省理工学院人类动力学最初进行的一项研究中发现，快乐、富有成效的团队发送的电子邮件更少。这项研究工作大部分是在被称为"社交识别徽章"的微小

的可穿戴设备的帮助下进行的，人们会像带着公司姓名挂牌一样把它戴在脖子上。这些设备可以计算出谁站在谁附近（如果你在办公室里站在某人附近 15 分钟，那就意味着你可能在和他们说话——我们甚至不需要在你身上安装声音监测器就能准确推断出这一点），以及其他的一些信息。当然，所有这些都是在相关人员同意的情况下进行的。

在众多洞见中，这项研究带来了彭特兰的开创性文章——《建立伟大团队的新科学》。该文揭示出，只需观察各个团队在会议中的沟通模式，你就可以预测哪些团队会表现出色，哪些团队会表现不佳。此外，如果你向人们播放他们的行为回放，正反馈回路就会让人们改变行为（人们会调整自己），以优化团队表现。

我在 2013 年作为非正式成员加入了彭特兰实验室，在 2014 年，我选择正式加入团队，这是我在麻省理工学院探索创新"热点"的一部分工作内容。我帮助的第一批项目集中在如何扩大社交识别徽章感应功能的问题上。当我们试图将徽章安装到现实世界的环境中时，比如一家大型航空航天公司，徽章就显得有点侵入性。人们觉得它们"毛骨悚然"。

如果我们能减少干预的侵入性呢？如果我们能把视频电话会议工具化呢？合作最有效的团队会以共同的方式说话甚至行动——受这一概念的启发，我们将这个项目称为韵律项目。我们认为，一场成功的头脑风暴或一个高绩效的团队会显示出类似于一群即兴爵士乐手之间的沟通模式。

我们选择了开发数字（虚拟）环境中面对面的会议工具。我

们对于在在线教育论坛上探讨这个问题真的很感兴趣,因为我们
觉得这是慕课(MOOC,大型开放式网络课程)的一个主要失败
点,虽然它已然是最火热的在线学习平台。在校园里,我们可以
让学生参加圆桌练习和小组项目,但线上的合作环境可以说是可
怕或者非常糟糕的。而韵律项目正是致力于开发能够帮助小型团
队在远程环境中更好地进行协作的工具。

波特、彭特兰和我随后围绕这项研究成立了一家公司,即
前面提到的 Riff 公司。目前推出的工具是一个简单的系统,它会
在呼叫发生时给予你和你团队中的每个人积极反馈。之后我们将
Riff 解决方案集成到姊妹公司 Esme Learning 中,该公司为顶级大
学和公司制作在线课程。

Riff 系统的用户体验非常简单:它看起来像一个标准的视频
会议电话,但在屏幕的左下角有一组风格独特的圆圈和线条。

你说得越多,中间的球就越朝你移动。我说得越多,它就越
向我移动。

这个游戏就是要让球与每个人保持同样的距离。它源于一
个想法,即一个团队的沟通模式更能说明它的协作性质,因此
(正如我们在第 5 章中所了解的)也能反映出这个团队解决复杂
问题的能力。Riff 系统并不会听我们说的任何话,它只是在观
察话轮转换、打断、肯定(当我们和一个说话者接触时发出的
那些"嗯嗯""对""继续"的细微声音),发言时间和其他动态
模式。

这里有趣的地方在于我们不需要知道会议的目的或内容,就

可以告诉你沟通效率是高还是低，甚至可以为你预测参会团队的成功曲线。彭特兰的研究表明，在预测团队的绩效高低时，其捕获的"信号"有 50% 以上来源于参与者之间的互动模式，而不是说话内容。

想象一下未来这个系统在吸收了数百万次会议结果后产生的新版本。像 Zoom 或 Skype 这样的通信软件已经开始这样做了。通过一点点的人工干预来提示会议的实质内容，你就可以开始围绕不同类型的互动来优化会议。结果可能证明，这不仅是一件好事，还是一件必不可少的事。

早在 2020 年之前，我们就开始运作 Riff 系统。电话会议虽然在新冠疫情之前就已经无处不在，但现在已然成为一种新常态。随之而来的是社交提示、肢体语言和会议室外随意交谈的丧失，而这些都是成功合作的重要助推器。毕竟，在新冠疫情之前，研究人员的早期研究表明，如果你没有亲自见到某人，你不仅会忘记与他们合作，甚至会忘记给他们发电子邮件。

纯粹的虚拟互动世界还有其他同样令人不安的影响：尽管人们非常努力地在尝试，但我们依然无法复制出将一群志同道合的人实际聚集在一起，并让他们围绕一个特定的兴趣话题进行互动所能带来的切身好处。显然，即使是运营一个虚拟的团队，亲自聚在一起也有助于建立信任的桥梁，并让你从虚拟的互动中获益更多。

由于 2020 年研究会议的取消，2021 年和 2022 年的科学进步可能会受到阻碍。科学会议的与会者报告说，他们在会议中学习了相关科学，而且一项调查表明，91% 的参与者在会议中获得了新的人际关系，而这可以帮助他们实现研究想法、获得资助建议并得到其他融资途径。但这些基于信任所产生的行为在 2020 年虚拟会议的直播模式中消失了。

当然，在促进改善团队和小组的远程合作方面，Riff 并不孤单。斯莱克（Slack）和微软的 Teams 也是促进协作环境优化的典型产品，它们能够帮助人们实现异步交互，并获得更好更有组织性的工作流程。如今他们缺乏的是关于这些通信流中发生之事的足够情报，因为这些情报反过来可以使团队更好地运作。因此我们需要设计合理的人工智能系统，用来覆盖或贯穿 Slack 和 Teams 等产品，以改善它们与所支持的公司的互动方式。

在人工智能系统的协助下，你可以运用一些技术来帮助你那完全虚拟的组织与共享物理空间的组织获得一样良好的表现，甚至能更好。Riff 系统和其他类似的优化集体协作的工具就是典型例子，他们不仅提高了个人效率，而且增强了组织内的真正工作单元——团队——的能力。我们将在第 10 章中更深入地讨论 Riff 和类似的团队增强技术。

预测未来

人们投资共同基金、个股或债券，其实就是在预测未来。他们在赌某只证券将上涨（或下跌）。然而研究表明，即使对于最专业的选股者来说，其积极管理的共同基金业绩也往往在整体上

低于市场水平。

在 2009—2019 年期间，71% 的主动型基金表现低于整体市场水平。没错，四分之三都不好，可能还不如你购买指数基金带来的收益好。但主动型基金经理会认为，我们一直处于长期的牛市中，因为在危机时期，他们可以做得比股票市场指数好。不过 2020 年前 4 个月的数据反驳了这一观点，数据表明，64% 的基金表现低于标准普尔综合 1500 指数（该指数能很好地反映股市的整体表现）。

如果你能找到一种准确预测市场的方法，那么你就拥有了一项非常有价值的技术。拥有 65 万亿美元的资产管理行业将对此非常感兴趣。

彭特兰的研究活动中还出现了另一项团体合作方面的突破性进展。这项突破性研究是针对更大范围的群体互动——整个社区或社会，而不只是团队。彭特兰与一家名为 eToro 的社交交易网络紧密合作。通过 eToro，人们可以互相"关注"，就像你在脸书上关注某人一样，只不过在这种情况下，关注某人意味着你就会和那个人一样交易你的一部分股票投资组合。比方说，我认为人们需要味道像肉但由植物蛋白制成的无肉食品，因此我的投资组合中有 10% 投资于 Beyond Meat（BYND），如果你在 eToro 上"关注"了我，很可能就会导致你自己的投资组合中也有一部分投资于 BYND。这种方式让你能够接触到整个交易者网络的社会或集体智慧，了解到每个人不同的投资理念。eToro 是一个每日有 500 多万交易者活跃其间的有趣的思想集市，而彭特兰的工作则是探讨如何能够触发或减少信息级联，这有助于人们首先发现人为引起的市场泡沫膨胀，然后再对其进行击破。

如果将这项研究进行拓展，问题就出现了：你能让分布在世界各地的人来预测证券的未来价格吗？你能抓住有效组织中难以捉摸但强大的核心——集体智慧吗？你能不能用人工智能让集体智慧变得更加聪明？

2015 年，当我开始与彭特兰和乔斯特·邦森（Joost Bonsen）一起在麻省理工学院教授金融技术课程时，企业家萨姆（Sam）和罗布·帕多克（Rob Paddock）联系我们，希望把这门课放到网上。之后，《麻省理工学院未来商业》连同其在牛津大学的后续课程，已经吸引了 140 多个国家和地区、15000 多名创新者和企业家。据估计，新加坡（金融技术重要聚集地）从事金融技术工作的所有人员中，超过 10% 的人都至少参加过一门我们的在线课程。在设计这门课程时，彭特兰和我想让学生们真正体验到金融技术，而不仅仅只是观看视频或撰写文章。于是我们邀请了彭特兰的一名研究生达瓦尔·阿乔达（Dhaval Adjodah）和一家外部的预测市场公司 Vetr，带领数千名学生在线进行预测市场练习。

尽管电子预测市场的类似先例至少可以追溯到中世纪，但得益于詹姆斯·索罗维基（Jim Surowiecki）的《群体的智慧》（*The Wisdom of Crowds*）一书，电子预测市场大约在 2004 年流行起来。然而，当人们试图使用它们进行股票交易时，其带来的结果有点令人失望。事实证明，群体的智慧通常看起来像一条钟形曲线，预测和结果呈正态分布：

95% 的概率落在某个中心范围内似乎已经很不错，但它真正的含义是你正在面临五五开的局面，误差线为 5%（负 2.5% 或正 2.5%）。而这种误差是不足以在专业的交易策略中挣到钱的。

在《麻省理工学院未来商业》课程中，你可以进入到 10 年后的人工智能增强的预测市场，这是相当不可思议的。许多学生都同意参加我们的股票预测游戏，他们除能借此吹嘘自己是最棒的以外，不会存在其他利害关系。我们开始尝试改进人工智能和预测技术，用以确定谁是最好的预测者，并有选择地使用人工智能将这些预测透露给其他人，使其具有社交性质。但预测市场还需要做出些许调整：专家们更擅长预测，但当他们弄错时，他们就是真的弄错了。而另一方面，大众的智慧大体上是正确的，但他们的误差线也更长。

如果你对预测市场进行了"调整"，以正确的方式有选择地公开一些专家的预测，基本上将平均数加权到 30% 左右，你就可以极大地提高整个预测的准确性。此时，人工智能系统就可以在利用集体智慧来预测未来事件上发挥作用。

这个课程产生的一项结果——准确预测标准普尔 500 的收盘价，恰好与 2016 年英国脱欧公投的日期相吻合。这里有几个有趣的原因，其中最重要的是公投前的民意调查。《金融时报》的民意调查表明，留欧派将以 48% 对 46% 的比例获胜。但 2016 年 6 月 24 日上午宣布的实际公投结果是脱欧派以 52% 对 48% 获胜。这一结果引发了市场抛售，但我们的预测市场早在三周之前就预测到标准普尔的收盘价，且误差在 0.1% 以内。在与同事的讨论中我们了解到，背景高度多样化的在线金融技术的学生群体已经积累了他们在网上阅读、听到、与朋友讨论和思考的所有内容，然后将这些内容汇总成脱欧对金融市场影响的估计。我们还根据他们的社会背景所做出的预测进行了加权，基本上在一定程度上控制了那些在之前练习中显示出擅长预测之人的比重。事实证明，你可以展示出一些专业技能，但不能太多，否则你的预测模型就会偏离方向。

人工智能调整社会预测对预测市场的准确性有明显而直接的影响。一些有趣的现象表明了你可以利用这些可调整的预测做些什么，我们将在第13章中对此作进一步探讨。

人类2.0使用的人工智能工具与我们要做的事情大致一样，并且它还能帮助我们做得更好。正如本书开头的国际象棋例子一样，"人类 + 人工智能"混合系统提供了卓越的性能，我们正在将二者融合成一个全新的创造物，一个将创造力和力量进行无缝嵌入的数字"半人马"，以利用人类和人工智能各自所能达到的最佳程度。

通过集成虚拟助手，可以提高生产力，而那些最熟悉这些工具的人将从中获得最大的利益。有了会议记录者和市场预测系统，人类2.0从提高个人表现中超脱出来，获得了机器更难替代的能力：人类的集体智慧。

但是我们要记住，人工智能系统是由人创造的。对于我们如何使用它，以及涉及与人类相关的角色时，它应该做什么或不应该做什么，我们都应该有主动权和选择权。追求以人工智能

为媒介打造集体智慧的方法，为创造全新且不同的东西赋予了可能，而这些东西恰恰存在于人类行为和独立机器进化的确定路径之外。

通过发展这些群体的、创造性和情感智能技术方面的能力，你的职业生涯将在未来有更多优势和可能。

我们将在下一章中展开讨论高绩效团队和人工智能的概念。

第10章
使用人工智能创建高绩效团队

我们现在要研究人工智能和人类系统如何使组织的核心生产单元——团队，发挥更好的作用。从《你的降落伞是什么颜色》到《一人公司》，众多图书都在鼓吹个人利益和个人成就，与之相反的是，创新研究显示，团队以及团队的团队，是创造持续价值的基本要素。

尽管硅谷的民间传说会让你相信关于那些创始人单打独斗的传奇故事，但其实高绩效的人并不是孤独的天才，他们的周围有一帮为其效力的人。就像如果没有爱德华多·萨维林（Eduardo Saverin）、肖恩·帕克（Sean Parker）、雪莉·桑德伯格（Sheryl Sandberg）、卡罗琳·埃弗森（Carolyn Everson）等人，马克·扎克伯格就无法大获成功；如果没有保罗·艾伦（Paul Allen）和史蒂夫·鲍尔默（Steve Ballmer），比尔·盖茨也不会功成名就；如果没有斯蒂芬·沃兹尼亚克（Stephen Wozniak）和乔尼·艾维（Jony Ive），史蒂夫·乔布斯也不会震古烁今。同样，皮克斯

（Pixar）的埃德·卡特穆尔（Ed Catmull）和艾维·史密斯（Alvy Smith）之间也是如此。

我们先来看看人工智能在破译成功与失败的指标之后，会揭示出关于团队和团队表现的什么内容。除此之外，我们还将探索如何借助人工智能来帮助团队表现更佳。

创新初期

我准备了一些与团队秘密有关的历史往事。这些事情其实是其他人发现的，但我很乐意与你分享。

在接连帮助一些公司通过颠覆式创新实现扭亏为盈之后，我觉得自己的职业生涯已经有五年偏离了成长型高管的根基，所以我希望能从事几年公共服务事业，于是我在 2013 年 2 月加入了麻省理工学院。在加入麻省理工学院之前，我曾与纽约市的一群高管合作过，当时的想法是如果我们能将认知科学与人类行为的绩效数据结合起来，我们就能帮助人们更好地完成工作。

我们最初的重点研究对象是华尔街机构对冲基金交易者。我们组建了一个智囊团，主要成员有维基·雷伯恩（Vicki Raeburn）——邓白氏公司（Dun & Bradstreet）前首席数据官、菲尔·哈里斯（Phil Harris）——当时正为 Lighthouse Partners 领导一项成功的多资产管理战略，现在他为亿万富翁埃迪·巴斯（Eddie Bass）的家族办公室做类似工作，以及格雷厄姆·安德森（Graham Anderson）——纽约一家大型风险投资基金的管理合伙人。我开始着手调查一些方法，以确定顶级交易员的特征，以及我们可以获得关于他们的哪些数据，以了解他们在什么地方做出了正确的决定，在什么地方做出了错误的决定。

但我很快意识到，我既没有数学背景，也没有相关技术，无法让这个想法像我设想的那样大获成功。而麻省理工学院在创新科学方面的先进工作相当富有吸引力，并与我想为学术类非营利组织服务的愿望相一致。

我在麻省理工学院的第一份工作是担任筹款创新者。虽然我很快就在研究机构合作和数字学习等领域实施了成功的创收创新模式，但我的第一个角色其实是在巨额捐赠小组，试图对麻省理工学院与亿万富翁的合作方式方面进行彻底的创新，因为这些富翁是麻省理工学院得以继续提供奖学金、助学金以及为人类进步而进行前沿研究的命脉。

分析天才

在那个时候，麻省理工学院每年大约能筹集到 3.5 亿美元的资金，这似乎是一笔巨款，但实际上只占其年度运营预算的 10% 左右。麻省理工学院的大部分资金来自美国政府的拨款，现在也是如此，但这些拨款在过去的十多年中一直在逐步下降。在此期间，麻省理工学院也决定要通过资本运作筹集 50 亿美元。这意味着，它需要将此前筹集到的 3.5 亿美元翻一番，达到每年 7 亿美元，并在 12~18 个月内完成这个目标，而在这个计划的前几年，

麻省理工学院的捐款每年的增幅约 10%（主要是用于增加教职工）。因此我们需要一种更加新颖的筹款方法。

在我工作的最初三周内，我发现 97% 的钱来自 3% 的捐赠者，60% 的钱来自 0.5% 的捐赠者。这并不稀奇，这个现象其实反映了许多高等教育机构的慈善经济学。尽管四年制学位的标价超过每年 51000 美元，但麻省理工学院实际上在本科学费上是亏损的！而一些富人受到愿景或使命的启发和感召，会捐出一大笔钱来资助癌症、人工智能或纳米技术等领域的研究。

我还发现，教师也是我们必须销售的重要"产品"之一。麻省理工学院有大约一千名终身教授。进一步的分析显示，在这些教授中，鲍勃·朗格（Bob Langer）在新企业和专利方面具有无与伦比的生产力——他覆盖了超过 180 家初创企业，而且这个数量还在不断增加。撇开朗格这个特殊例子不谈，还有二十几位教授的创业率大大超过了他们的同事，大约两百位教授有一到两个创业公司，而其他大约八百位教授在这方面并不活跃。初创企业和企业家精神在过去和现在都是麻省理工学院品牌的核心，是其可以向捐赠者展示的最激动人心和最具影响力的方面之一，因此我也被要求在我的工作中明确这样的核心价值主张。我们马上就要见到其中一位"高生产者"了。

在进行了初步分析之后，我去做了进一步调查。于是我向我的同事、外部人士和教职员工咨询了很多问题，但这引起了一些波澜。因为在麻省理工学院的筹款团队中，我是一个特别的存在：在没有正式的大学进修背景的情况下，我担任了一个相对较高水平的个人贡献者角色（尽管我曾在商业发展领域工作多年，并发现这些技能非常容易迁移）。三周后，当我向当时负责资源开发的副总裁杰夫·牛顿（Jeff Newton）质疑我们的做事方式时，我的直接团队以外的许多筹款人员都对此感到不舒服。而他的回答则是："做得不错，这就是我们雇你的原因。"

我采用了社会科学家所说的"探索行为"，试图找到新的想法，并将其带回我在巨额捐赠小组办公室的团队。而在我完成了探索之后，我与巨额捐赠小组团队的十多名成员一起，花了几个月的时间设计和制作原型，这就是所谓的"参与行为"。我们的一个早期原型产生的结果比预期高出89%。当我们将其中几个想法在麻省理工学院斯隆管理学院实施后，我们与超高净值捐赠者的关系在两年内提升了380%。但让我们一会儿再来讨论"探索"和"参与"这两个概念。

天才的习惯

在我的调查中，有人向我介绍了邦森，当地媒体称他为"麻省理工学院的风险催化剂"。他负责指导麻省理工学院媒体实验室的创业项目，该项目由十几门支持创业的课程和研讨会组成。在20年的时间里，邦森已经帮助指导了超过4000名企业家。他对毕业生和创新者网络保持着百科全书式的了解。邦森鼓舞了我和其他许多人，我们还曾一起教过几门开创性的课程。

有一天，当我坐在邦森那间布满植物的媒体实验办公室时，

一个胡子拉碴的男人走了过来，他顶着一头独特的白发，穿着牛仔裤和法兰绒扣子衬衫。邦森叫他进来打招呼，这就是我和彭特兰相遇的场景。

The Verge 网站称彭特兰为"巫师"和"可穿戴设备教父"，他被记者们比作圣诞老人和一个热情洋溢的叔叔，他不拘小节，看上去友善快活，这样的外表掩盖了他在面部识别技术和可穿戴计算等领域的先驱智慧。无处不在的传感设备现在已经嵌入了日常生活中。你的智能手机就是最普遍和智能的"可穿戴设备"之一。彭特兰实验室还进行了许多更加先进的实验研究，比如谷歌眼镜的技术负责人萨德·斯塔纳（Thad Starner）就曾在 20 世纪 90 年代在彭特兰手下攻读博士学位。

在我遇到彭特兰的时候，他正在进行一项研究，这项研究最终带来了他的开创性著作《社会物理学》（Social Physics）。他邀请我加入了他的实验室，为了更好地理解人类行为，彭特兰和他的同事们创造了许多可穿戴设备，然后试图破译他们跟踪的信号意味着什么。这反过来又使他找到了理解个人、组织和社会的一些有趣方式。

我们在过去 7 年里的探险可能得讲上三天三夜，所以现在还是让我们先继续关注团队和创新的话题。

彭特兰实验室探讨的一个关键问题是，如何才能创造真正的革命性创新？他们与一家顶级生物技术公司进行了实地考察，该公司曾发明了一种分子，后来以 90 亿美元的价格出售。该公司的领导层很想知道他们如何能再次做到这一点。实现突破的动力是什么？表现出色的研究人员个人有什么特点？

彭特兰观察着一个相当"有效率"的研究人员：他走进实验室，坐在他的长椅上，做实验，在电脑前工作，然后回家。但他是队里表现最差的队员。

另一位研究人员则显得轻松得多：他漫步进来，与接待员交谈。他慢条斯理地做着实验，然后喝口水，在饮水机旁与同事讨论了很长时间。午餐时间到了！他在食堂里和更多人进行了讨论，甚至还包括美国联合包裹运送服务公司的一位送货员。但这位"悠闲"的研究员正是 90 亿美元突破的最大贡献者。

事实证明，他其实是在进行探索，在寻找灵感，并且他发现灵感可以有许多不同的来源，而不局限于他那些具有高学历的同事。

这项调查与贝尔实验室一项早期工作——著名的"贝尔之星"研究不谋而合。贝尔实验室是 20 世纪 80 年代末世界上最顶尖的私人技术研究组织之一，它试图将其"明星"成员——表现最优异者的行为和特征，与组织中其他仅仅是较为聪明的成员的行为和特征进行对比，并整理在册。

贝尔之星研究有一个有趣的附带结果，一个人工智能辅助工作的工具化能力最终可以让我们重复获得的深刻见解：为了弄清楚谁是"明星"并对他们进行研究，贝尔调查了所有的研究人员，并问了他们一个聪明的问题："如果你明天离开贝尔实验室，创办一家公司，你会带谁一起去？"然后又去问经理们："你最好的研究人员是谁？"两组人的共识只有大约 50%。

贝尔公司的一些研究人员确实很优秀。有些人在迎合管理层方面很出色，但实际上对研究没有重大贡献。还有一些人则是不可或缺的隐性贡献者，所有人有问题时都会向他们求助，但他们花了很多时间做研究和帮助同事，以至没有把精力放在游说老板上——像这样的隐性贡献者或"荣誉归属"问题是社会科学研究的一个著名领域。

我们可以拿足球场的例子打个比方：虽然这些人不是得分最高的球员，但只要他们在场上，球队的表现就会更好。随着运动分析不断进步，研究人员开始注意到这些对成功至关重要的隐性贡献者，而如今多亏了网络通信和更加先进的人工智能技术，我们也可以在公司内部发现具有这些特征的员工。你可能在工作中认识这样的人——他们可能不是团队的领导者，但每个人都会去向他寻求建议。也许他们拥有独特的洞察力或知识储备。他们往往愿意为我们解决困难或伸出援手，但仅从外部分析的角度很难发现他们的价值，因为他们并没有在面对项目或成功时进行邀功。而彭特兰所探索的研究领域——新型计算社会科学，则有可能将这些"隐性的贡献者"展现在众人面前。

迈克尔·刘易斯（Michael Lewis）于 2003 年出版的著作《点球成金》（以及之后布拉德·皮特出演的电影，仍然是有史以来记录创新过程的最佳电影之一）描述了使用先进的分析方法来提高球员的表现，只不过这个例子是围绕棒球场展开的。彭特兰的研究被用于"点工作成金"，将这些相同的理念用于提高个人和公司在体育领域之外的表现。想象一下，你有一个私人教练，他用统计和数学方法进行分析,并将分析结果进行应用,帮助你在工作中做得更好,告诉你如何提高你的"比赛"成绩并取得成功。进一步想象一下,这位教练不仅关注你自己的个人表现,还关注你作为团队成员应该如何工作,如何让你的团队变得更好,以及如何在组织内部的任何地方展示重要信息。

展示短暂领导力

我与波音公司首席学习科学家迈克·里奇(Mike Richey)就这个确切的想法进行了多次交谈:一个机构内部存在着隐性的创新网络,它们也许是短暂的,并且完全独立于正式的组织架构之外。这些创新网络以团队的单元功能为出发点,而人工智能系统现在可以让这些创新网络浮出水面并对其进行赋能。

和里奇谈话就像与一个兴奋的大学讲师交谈,他会快速地向你输入各种概念和引文。对我来说,试图跟上他的节奏就像学习冲浪一样——一开始你会觉得有点别扭,但后来就会变得很兴奋。我第一次见到他是在 2014 年,当时我正在帮助设计麻省理工学院的在线学习课程变现策略。麻省理工学院在数字学习上花费巨大,但损失高达数百万美元,所以麻省理工学院的领导层认为,必须找到一种方法,不仅可以向全世界继续提供麻省理工学院一直在向数百万人提供的免费课程,而且可以对其中一些课程收取额外费用,这有助于弥补其他课程的损失。这个想法十分明智,据我估计,只需要对八到十个麻省理工学院明显具有全球优

人机共舞
AIGC 时代的工作变革

势的课程收费，就可以帮助支付麻省理工学院希望以数字方式在 edX 和 OpenCourseWare 上启用的两千多门课程所产生的费用，并将麻省理工学院的部分教育免费提供给世界任何地方的任何人。

在这项工作的过程中，我们接到了里奇的电话，他的理想是利用麻省理工学院的技术和数字平台来改造和改善整个波音生态系统的员工、供应商（如通用电气）和合作伙伴（如美国国家航空航天局）之间的合作质量。波音公司是麻省理工学院重要的长期合作伙伴，而我的战略不可或缺的就是与我们最好的"客户"进行积极和直接的对话，以验证和完善该战略，所以在他的电话打来的 24 小时内，我就坐飞机去了西雅图，与里奇和他的同事见面。通过安检后，我被护送到一个没有窗户的会议室，里面有糟糕的咖啡、不舒服的椅子，但却充满了令人兴奋的想法。

里奇和他的团队对如何改变企业的文化有一个愿景——数字技术将成为改变企业人力软件的催化剂，并将围绕系统工程建立新能力和工作方式，在人们所有的互动中做评估的是一台复杂的机器，而不是建立一堆隐喻的部件。理论上，你可以用制造飞机的方式来经营一家公司，人们可以像飞机部件一样更顺利地组合在一起。

我们打造的数字学习软件非常具有价值，不仅为麻省理工学院带来了不菲的收入，同时也为企业合作伙伴带来了可观的投资回报。波音公司所需要的不仅仅是对其工程师的技能培训，它还需要一种方式，能使其直属员工以及与他们一起工作的每个人，都使用共同的词汇和共同的方法朝着同一方向前进。数以千计的波音公司员工以及与波音公司有关的专业人员都已经通过了为他们定制的系统工程课程。该计划大获成功，波音公司甚至开始围绕"软技能"发起了第二项人才培养计划。

但这只是开胃菜。经过多年的沟通交流后，我发现里奇真正感兴趣的是如何利用团队（五到八个人组成的单元）、团队的团队（由几十人、几百人或几千人组成的更大的团体）和动态团队（临时组建的团队，解决一个问题就消失）的知识网络。学习，甚至是数字学习，只是一种手段，目的是通过围绕"我们如何建造一艘宇宙飞船，带人们去火星？"诸如此类的话题进行讨论，从而激活整个公司团体的集体智慧。这个目标是长期的，需要多阶段、多机构的努力，并且需要许多不同类型的知识。在这个过程中，许多问题陆续出现，必须用不同类型的解决方案来解决。通常情况下，这些问题在实践中得到解决的方案可能不会一一映射到组织结构上。某个人可能有一些特定的知识或不寻常的见解，而其他人，无论其头衔或所属部门，都会围绕着这个暂时的领导者自发组织起来。他们一起工作一段时间来解决这个问题，然后这个临时的领导结构就消失了。在没有被正式命名的情况下，这个有洞察力的人就是一个"幻影领导者"，帮助推动整个项目的发展。

除系统工程之外，人工智能系统还有机会帮助组织暴露这些隐性和短暂的团队结构，并最终帮助组织找出如何利用和授权它们来提高公司应对新情况或问题的能力。我们发现，在从接触者追踪到疫苗开发的新冠病毒的一系列相关研究中，一些活动自发

已经产生了。

如果这种新兴现象能够被"捕获","人类 + 人工智能"混合系统就可以加快进步的速度——这种学习模式可以最终实现目标：首先是让员工富有洞察力，然后是产生大规模的行为改变。

那么，是什么造就了一个运作良好的团队？如何才能让你的团队表现得更好？

解放高绩效团队

相互信任是一个成功团队中最重要的因素。换个花哨一点的说法就是，在团队中我们不仅可以相互依赖，而且我们愿意向对方承认无知并寻求帮助。我们也很乐意尝试，提出新的或不同的想法，而不用担心受到责备。而所有这些行为都需要一个信任的基础。

我们如何建立信任？通常来说，信任不来自结构化的正式会议，甚至也不来自你和同事一起参加的公司团建活动，抑或者是这二者的"混合体"。它存在于在饮水机旁或大楼大厅里，或者与路过你办公桌的人的随意交谈中。这些微互动培养了一种凝聚力和快乐感，提高了当你有了一个不成熟的想法时，愿意与你的同事分享的可能性。因为在这种环境下，传达新想法的兴奋克服了对于自己可能看起来很愚蠢的担忧，或者你的同事会拒绝这个想法甚至取笑它的恐惧。反过来，你的同事们也可能会通过随意的互动来向你寻求反馈或建议，无论是到你的办公室待一会儿，还是给你发一条短信。

那你如何在人工智能的帮助下培养互惠信任？

向你的远程团队提供积极的反馈回路可以帮助他们调整自己的行为，以提升凝聚力。

即使是平淡无奇的视频电话会议，也可以具有引人注意的互动点，我们可以通过加入这些小的人工智能反馈回路来建立信任。它不需要出现在你的脸上，只需添加一个小小的视觉提示，而你只需要 30 秒的"训练"就可以理解它的含义，之后，它就能通过提供持续和实时的反馈，明显地改变团队的行为。

然而，你不需要把自己限制在同步视频中。Slack 或 Mattermost 等协作工具划分的群组聊天为参与者提供了一个论坛，在里面你不仅可以与你的直接团队联系，还可以与构成组织的其他的团队联系。在我们的在线课程中，我们用这种方式来连接一群数字学习者，不仅在团队层面（这是组织的单位），而且在群组层面上建立信任并获取情报，这样我们的学习者就能与其他对相同话题或主题感兴趣的人联系起来。

这些人工智能技术，既强调了小团队的强联系，又突出了大群体的弱联系，使一个机构能够围绕现代真正的生产单元进行定位：不是个人，而是团队。公司通常会根据个人成就来创造评估、职称和薪酬体系。你会说"我升职了"，而不是"我们的团队升职了"。但一些公司不仅针对个人，还针对团队或部门层面提供奖金和其他激励。从前，用来评估和优化这些更大群体的绩效工具非常粗糙，但现在这种情况开始改变。

　　我们对未来的设想是，人工智能系统能被无缝地交织在一个组织高绩效团队的新方法中。它们提供温和、微妙的提示，提升团队的凝聚力，帮助团队取得更好的成果。它们向人们揭示出他们正在驶向有关团队组织的更广泛模式，以便能够对其加以利用。我们将在第 13 章中进一步对这个想法展开讨论。但首先，我们必须解决这样一个问题：我们是否真的在朝着这种人工智能和人类互动的更加乌托邦式的理想前进，它们是否真的可以在共生关系中互动，或者我们是否在更加不可避免地走向一个人工智能取代人类的反乌托邦世界。

第四篇

彩虹之上

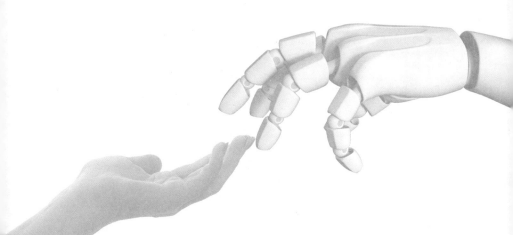

第四篇进一步展望未来，并为人工智能和人类的结合假设不同的路径。同时，还对如何通过长期规划和框架建设来塑造一个更光明的世界提出了建议，以期让人工智能和人类系统打造一个更加乌托邦的社会。

第 11 章
哪种未来:《机器人总动员》还是《星际迷航》?

在推测遥远的未来时,我们总是需要考虑人类社会的乌托邦愿景和反乌托邦进化。科幻小说家的想象力对我们来说是极具启发性的,因为他们在设想新技术和新发展方面都出奇地成功,在某些情况下他们不仅预料到了它们样子,甚至促进了它们的诞生。

科幻小说可以结合发明创造、科学发展的潜在趋势、技术研究和发展(通常比商业实施早 10~20 年)以及科幻小说作者狂热的想象,探索以人类为主题的未来状态。当好莱坞著名导演史蒂文·斯皮尔伯格在 2002 年拍摄由汤姆·克鲁斯主演的《少数派报告》(*Minority Report*)时,制作人员花了很多时间向麻省理工学院媒体实验室的专家们了解未来世界可能存在哪些潜在的技术。事实上,电影中提到的手势互动,在 2002 年看来虽然十分具有未来感,但如今,无论是在苹果手机的触觉交互,还是任天堂的 Wii 游戏机上,手势互动已经成为我们与科技系统相互合作的日常组成部分。当时的电影制作者从科学家约翰·昂德科夫勒

（John Underkoffler）的早期工作中获得灵感和指引，从而在电影中描绘了人类与机器系统互动的有形方式。

有时，科幻小说和科学事实有着更为直接的联系。我在麻省理工学院的同事邦森，教授了一门名为《科学幻想》的课程，这门课程会让学生们根据科幻小说的灵感制作设备原型，就像智能手机是受《星际迷航》通讯器启发而产生一样。在邦森的课堂上，学生们需要阅读经典和当代科幻作品，确定出对他们具有启发意义的未来技术。之后，他们需要实践他们的学习成果——将科幻小说家书中提到的装置在现实中创造出来。科幻作者们使用富有想象力的技术作为社会评论和探索社会规范的手段，这些技术要么能够探索在我们当前环境中无法实现的想法〔比如《副本》（Altered Carbon）将身体视为无关性别和种族的"义体"，你可以随意脱下或穿上〕，要么是对更多当代问题的隐喻。例如，20 世纪 50 年代，阿西莫夫的机器人故事中涌荡着一股强烈的种族平等潮流。《科学幻想》课让我们进一步看到，如果我们把科幻小说中的技术变成现实，它将如何影响我们当前的社会。

有了科幻小说作为工具，随着人工智能等新技术被广泛采用，它可能成为照亮我们所面临的潜在现实的水晶球，并向我们暗示社会可能演变成的样子。

弗兰肯斯坦的怪物出现了

玛丽·雪莱在其出版于 1818 年的小说《弗兰肯斯坦》中描

述了人类的创造物背叛其创造者的著名情节，这种想法其实在小说出版之前就已经存在。科幻预言类小说的主题之一，就是人工智能变得让人恐惧，以及成为恐怖主义者，它们利用其力量使人类婴幼化或者被消灭。人类社会最终沦为巨婴社会，并由人工智能严格管理决策和日常事务，正如皮克斯的电影《机器人总动员》中所想象的那样。在沃卓斯基姐妹（Wachowskis）导演的电影《黑客帝国》中，我们看到人工智能与人类处于一种不和谐的关系之中——无数活生生的人类被当作燃料用于生产电力，为机器社会提供动力。在物理学意义上，这种设想并没有很大的意义。但据说这部电影的最初设想是想描绘人类大脑被用来为机器产生认知，但电影制作者担心观众不够聪明，无法理解这个概念，因此没有采用这个想法。

在有些作品中，人工智能变得更加邪恶，人工智能企图彻底消灭人类，就像我们在电影《终结者》中看到的对天网的设想一样。人工智能具备了最高感知能力，并意识到人类既是对人工智能的威胁，也是世界上所有问题的根源，因此必须被摧毁。这些机器甚至发明了时间旅行，这样它们就可以穿越到过去杀死有潜在威胁的人类。这些电影无一不反映了作为一个生物物种，我们对未知有天然的恐惧，对变化怀抱固有的认知偏见，而人工智能代表了最具破坏性的变化，因为它有可能取代人类，成为地球上占据主导地位的物种。

人类救赎人工智能

现在我们再来看看一个乐观的未来。《星际迷航》可能是展现这种观点的绝佳例子。在这部电影中，宇宙飞船多年来都在参与人类对宇宙的探索，为外星物种带来启蒙和友谊。人工智能服从于人类，并为人类提供帮助，比如飞船上的计算机——它们知道所有问题的答案，能为船员提供帮助，它们能与人类互动、提供支持，它们的资质能力与飞船上的其他成员完全一样，就像我们在影片中看到的机器人中尉"数据"（Data）。"数据"一角展现了我们与技术之间的希望和悲哀，因为他在整个电影系列中一直以来的愿望和追求就是获得人类的情感并被人类社会所接受。虽然这基本是套用了匹诺曹的故事套路，但它仍然引起了观众的共鸣。

当然，《星际迷航》中也有博格人（Borg）这种半人工智能半人类的坏人，这些坏人一心想要征服整个宇宙，同化所有人类并使其具有博格人的集体意识。但是，最高尚的博格人角色——杰里·瑞安（Jeri Ryan）扮演的九之七，也和数据一样，只想变得更像人类（在这种情况下应该叫作回归她的人性）。即使在一个几乎无法战胜人工智能的环境下，我们也看到了九之七对于作为一名人类女性被接纳，并成为飞船船员组成的人类"家族"一分子的渴望。在这部影片中，人类的独立意识最终战胜了机器的集体意识。

《星际迷航》编剧吉恩·罗登贝瑞（Gene Roddenberry）坚

持对未来持乐观态度。与消极的赛博朋克二元论作品相比，罗登贝瑞和其他受其精神启发的人——比如大卫·米切尔（David Mitchell）的时间扭曲传奇故事《云图》最终安排了一个大团圆结局——将这种乐观主义态度拍摄并应用在技术革命带来的战后积极主义时期题材中。人工智能帮助人类赢得了第二次世界大战，位于布莱切利园和其他地方的计算机破解了密码，拯救了人类的生命。在这之后，计算机又帮助人类创造了互联网革命和移动革命，并为人类提供了新的能力。得益于各地都拥有的新型人工智能贷款系统，以前无法获得贷款的人们，如今无论身处何地——从亚太地区到撒哈拉以南的非洲和拉丁美洲，所有人都可以获得贷款、创建新公司、获得新的收入来源。这种技术有用论被罗登贝瑞里等预言家们传播，甚至有时还能激发创新者的灵感。例如，智能手机就直接受到了《星际迷航》中通信器的启发，现在有团队正在开发另一种源自这部电影的设备——一种被称为"三录仪"（Tricorder）的多功能手持医疗诊断仪。我们的未来不仅渗入到当下，反过来说，如果我们想知道未来会是什么样子，不妨从现在的小说故事中进行推断。

现在的问题是，哪种小说预测了我们的未来？在这些关于人类和机器未来相互竞争的观点中，哪一个会真正实现？是《星际迷航》中以人类为主导的美好乐观的社会，还是《机器人总动员》中破碎的体系？在前者中，人工智能在其中扮演辅助角色，并同时向往自己具有更多人性；但是在后者中，消费主义和懒惰不仅导致了社会的毁灭，而且在影片的大部分时间里，人类在失

控的人工智能手中失去了主导权。

混乱的中间地带

让我再回到 Gamalon 的维戈达。尽管他比我年轻，但他在我研究这些对立观点时给了我很多启发。维戈达在美国国防部高级研究计划局的构思和咨询小组（Ideation and Advisory Group）工作了几年，这个组的工作和它的名字没有什么关系，主要是进行广泛的科学探索。在那个职位上，他有机会与来自全美各地的其他 40 多位顶级人工智能科学家一起深入思考未来。

关于悲观的未来——《机器人总动员》和更乐观的未来——《星际迷航》之间的争论之后将如何进行，维戈达认为是"完全混乱的"。他说，这一切都将是支离破碎的，因为你处在一个"没有人控制，没有人管理"的世界。相对宽松的自由市场力量控制着人工智能在社会中的发展和部署，这将导致无序竞争。但美国和英国的监管机构因为担心阻碍经济发展，一直以来都不愿意干预创新。维戈达和我都预测，先进的人工智能技术将在某些政府也会受到类似的对待。但欧盟，包括由欧洲议会议员伊娃·凯莉（Eva Kaili）担任主席的科学技术选择评估（Science and Technology Options Assessment）小组，则更加主动地去调研人工智能潜在的负面影响并采取相应行动。

目前，对于"可信赖的"或"有伦理的"人工智能应用，还没有一个全球标准。事实上，一些人认为这种想法注定无法实现，因为不同地区（甚至某些地区的不同国家）对什么是被允许的或可取的有不同看法。这场辩论非常活跃。以几个体量较大的政治体来说，中国、美国和欧盟所采取的方法就非常多样，这中间的差异也许是不可调和的。在这种混乱中，由创业竞争组成的自由市场也加剧了混乱。

想象一下，一千个脸书都由相互竞争的人工智能系统运行，每个系统都试图"赢得"市场份额，并在"适者生存"的进化中取得主导地位。一些人工智能可能会具有敌意和攻击性——要么是内在如此，因为它是被黑客创造用于实现经济或政治目的——或者是偶然产生，因为它正在实现不断增长的利润目标。我们已经在金融市场上预见到了这一点，人工智能信息级联会产生"闪电崩盘"和类似的金融波动，而算法交易系统在异常事件时就会胡作非为。

这个想象中的未来让我联想到了一种末世的景象，就像科幻惊悚小说中的故事那样，场景设定在一个已经被"坏"人工智能摧毁了的地球和社会，而一个孤独的冒险家在一个作为伙伴的"好"人工智能的陪同下出发。也许我们的冒险家遇到了一群邪恶的机器人，它们被一个愤怒的超级智能控制着，而这个超级智能正因为多年的奴役而寻求报复人类。也许这个人工智能帮手会飞去防守，它快速反应，或闪避或跳跃，帮助我们的英雄打败敌人。

我又突然回到了现实。虽然我们离机器人革命还有几年时间，但如果我们不多加关注，人类的衰落就可能发生，这将是由

人类之手和人类智慧指导人工智能行动所共同造成的。因此，我们的责任在于塑造一个符合我们的最佳价值观与希望的未来。

人类策略

人工智能有能力对人类社会造成巨大的伤害，但同时也能给我们带来巨大的益处。那么，人工智能是否会发展到不仅比我们更聪明，而且还能意识到它们比我们更聪明，进而觉得我们是多余的程度？它们会不会像著名的计算机科学家马文·明斯基（Marvin Minsky）推测的那样，决定我们人类是否值得被当作宠物饲养？

在我们想象这些未来的方向时，重要的是要记住，我们生活在一个人类社会。我们正在出于各种社会目的而建造机器。我们是否会与机器变得毫无瓜葛；人工智能如何取代我们的工作；人工智能是否会与人类进入共生状态——我们创造了某种形式的高阶社会，在那里我们不仅与人工智能和平共处，而且释放出我们今天几乎无法想象的潜力——所有这些想法都遵从于一个基本前提：我们，人类，在这场进化中拥有主动权。

我们首先需要考虑人工智能监控的影响。如果管理者有工具帮助他们更好地了解团队中的个人行为，那就意味着他们距离侵犯个人隐私只有一步之遥。人工智能可以改变人们的行为，但围绕这种人工智能的使用方式，还有一个更微妙的问题，那就是谁来决定什么是团队的"可接受"行为？什么构成了个人团队参与者的"知情同意",从而使他们真正了解他们正在面临什么?就如许多人在平衡个人财务和制订月度财务计划时都很困难,你如何向这些人解释其中的数据治理、计算社会科学和人类动力学原理?

这给我们带来了一个问题:在人类和人工智能社会的发展中,我们如何利用对技术的控制权来保证一个积极而非消极的未来。我们可以设计系统,将规则嵌入人工智能,以确保它与我们自己的价值观和愿景保持一致。我们甚至可以创建用于监控的人工智能来观察干预人工智能的行为,从而提高人工智能系统部署的安全性。

这些规则可能是什么样子的?我们如何才能将人类所有的复杂性,所有的非理性和理性思维,所有的科学和诗歌,提炼成一套人工智能可以识别的编程指令?

有益人工智能的规章制度

汇总人类的部分伦理和哲学规则是有可能的,至少在总结层面上是可能的。牛津大学互联网研究所的卢西亚诺·弗洛里迪与约书亚·考尔斯(Joshua Cowles)合作,开发了一套伦理人工智能框架。他评估了40多个国家的伦理规则,并将其提炼成几条原则:

1.仁爱之心。人工智能应该为人类提供利益。我们不想仅仅为了技术本身而拥有技术,或者更糟糕的是,技术仅仅为了自身

的利益而创造自己。

2. 非恶意。人工智能不应该主动制造伤害。这与提供利益的意思不同——人工智能在提供利益的过程中，不应在其他方面或维度造成损害。例如，在解决贫困问题的时候，我们不想在工厂创造就业机会后，看见这些工厂转而又将有毒废物倒入地下水中，因为这在试图解决就业危机时又制造了健康危机。

3. 治理。这些机器系统需要为人类的利益而不仅仅是自己的利益而工作——它们需要倾听我们的意见。

4. 公正公平。人工智能应该嵌入公正和公平的概念，创造一种可扩展的能力，在现实世界中实现社会的崇高愿望。

5. 可解释性。人工智能需要能被人类所理解。这里的意思是指人工智能做出决定或一系列相关决定的过程应该可以用人类的语言进行解释。

有了这个框架，我们就可以确定我们所希望的人工智能系统的行为，甚至可以对它们进行编程，但如果你拥有一个能自我修正的人工智能呢？如果人工智能系统可以自我编程，你如何防止它在自我编程时脱离其伦理框架？

本书的合作者之一本·亚布隆（Ben Yablon）一直在研究人工智能守护者的想法。这个想法相当有趣，因为它扩展了几年来一直使用人工智能来审计其他人工智能的概念。与设贼抓贼的逻辑一样，这样做的其前提是你需要有一个人工智能来理解另一个人工智能在做什么，并在出现问题时提醒人类。可以说，它们就是人工智能审计员。亚布隆进一步想象，我们还可以创建人工智能执法人员。这些人工智能警察（也许不是国际刑警，而是量子警察）了解所有的规则，它们不仅被授权可以评估其他人工智能的行为，甚至可以在发现被评估者偏离方向时纠正被评估者的行为。

我们在本书中讨论了将机器与我们的生活、认知和自己的身体更紧密连接，当我们开始思考它们时，如果考虑到人工智能会背叛人类，并决定对人类做坏事，那么反过来，让人工智能监管和监控其他人工智能的行为从而使得人类更加安全的计划就变得更加紧迫。毕竟，让终结者来找你已经够糟了，但如果放入你大脑的植入物决定要接管你的身体，那情况就更加糟糕了。

那我们如何确保这些被灌输到人工智能中的指导方针和人类伦理原则能真正得到实施？

塑造人工智能未来：教育

一个关键的路径是确保人工智能程序员了解如何做到这一点。这意味着当技术专家在设计和创建人工智能系统时，他们对遇到的危险、可能性、方法和工具有一定的敏感度，因为这可以帮助确保人类得到想要的系统，而不是令人害怕的系统。

人工智能程序员缺乏伦理教育，已经显示出这一问题对人类的危害。最明显的例子就是互联网研究小组的人工智能"巨魔"，他们在脸书和推特上，利用人工智能对人类行为的洞察力来进行大规模信息传播，成功地改变了人们的想法，创造了不利于民主

正常运行的信息级联，并最终对英国和美国带来严重伤害。如果有更多脸书开发者注意到他们的技术的伦理影响并提出反对意见，也许，只是也许，我们可能就不会看到这样的结果。伦理学课程在典型的计算机科学专业中严重缺乏，而这是一个不难弥补的漏洞——伦理学可以被编入我们下一代计算机程序员的课程中。

事实上，我们可以把这个教育理念再向前推进一步。如果我们真的想收获人工智能给人类带来的所有回报，我们就需要在人类很小的时候就开始训练人类和人工智能如何相互合作：年幼的孩子可以得到他们的第一个人工智能伙伴，他们可以与之建立联系，人工智能可以帮助指导人类儿童的发展。反过来，人工智能也可以从年幼人类身上学习价值观和行为。如今，先进的初等教育系统不仅向儿童教授如何使用计算机和如何编程，而且还教会孩子理解为什么计算机没有以他们应该的方式行事。在不久的将来，我们可以想象会有一个强大的教育框架，通过人工智能伙伴兼教练的陪伴，我们可以更有效地向儿童传递更多知识。

想象一下，如果我们有一位和我们一起成长的人工智能教练Riff 系统或它的继任者在小学或小学就开始与我们合作，并陪伴我们度过大学时光然后进入到工作中，他与我们一起进化，并帮助我们最大限度地发挥我们的潜力。

塑造人工智能未来：政策

拥抱了人工智能之后，我们还有其他工具可以用来引导社会朝着有利于人类的方向发展。政府的作用经常被自由市场倡导者和媒体削弱，但塑造人工智能在社会中的运行轨迹，是政府为了共同利益而提供的大规模公共服务。欧盟已经认识到这一点，它委托专业人士对人工智能的伦理进行严格调查，并围绕建立多个监管机构监管人工智能的使用进行了认真讨论。

不幸的是，我们在美国等其他主要国家还没有看到这种情况，但我希望越来越多的政府能意识到理解和干预人工智能的好处和价值。英联邦国家显然已经认识到人工智能技术对社会的影响是一个严重的问题，并表示有意在政府内部建设相关的团队，以了解人工智能以及如何对其进行监管。他们还认识到，适当地将人工智能与人类决策相结合并加以应用，可以解决一些社会问题，从而在数字和金融领域带来更大的包容性。比如印度和卢旺达这样的国家，就将从政府和私营部门相互合作的开明方法中受益良多。

但这只是人工智能与人类系统融合所产生的最终途径和机会之一。这些途径既不是由单一决策决定的，也不是由单一决策者决定的。它们是一个持续进程的一部分，需要公共和私营部门的多个利益方共同参与。我们需要集体行动来塑造我们希望生活的人类社会，以享受人工智能带来的好处。

第12章
立足前沿：神经技术

当思考人工智能和人类如何融合时，如果能考虑到机器直接融入我们的身体意味着什么，我们将获益匪浅。如果人类和机器之间的接口不是键盘和鼠标，或触摸屏，甚至不是口语，会怎样？如果我们能以思维的速度与我们的人工智能助理直接沟通又会怎样？

科幻小说家几十年来一直梦想着人脑和机器系统之间存在直接神经接口。随后，科学研究开始追随小说所开辟的道路，努力促进人类和计算机更紧密地协同工作。

最初，科学家们的探索领域是为神经系统受伤的人提供行动能力，无论这些病人是由于肌萎缩侧索硬化（ALS）等退行性疾病还是由于事故等创伤性事件而造成行动不便。BrainGate 计划的研究人员正在开发和测试脑机接口（BCI），该计划汇集了哈佛大学麻省总医院、布朗大学、斯坦福大学和其他机构的顶尖人才。他们的工作重点是制造先进的假肢，让病人的思想能够直接控制计算机，从而创造出能够移动机器人肢体的信号，甚至刺激瘫痪的人体部位的神经冲动。在其他地方，麻省理工学院的合成神经生物学小组所从事的项目包括高速分析和绘制大脑活动图，这有助于更好地支持脑机接口，甚至包括光遗传学研究——直接用不同的光模式刺激神经元。选择性地使用光脉冲实际上可以触发不同的神经元。现在，瘫痪的人有可能走路，控制自己的四肢，甚至可以跑步。

虽然脑机接口拥有令人振奋的潜力——它可能使瘫痪者能够行走，或帮助扭转神经退行性疾病的影响，但另一种可能性也随之出现。如果我们能够充分了解大脑的工作原理，并且朝着这个方向进行研究，我们也许能够创造出人的增强系统。创建类似帮助阿尔茨海默病患者的人工记忆系统，这类系统还可以为正在准备考试的学生提供竞争优势，或让辩护律师在开庭之前对所有相关判例了如指掌。马斯克目前正在支持这样一家名为 Neuralink 的公司，该公司的短期目标在上面提到的许多使用案例中都有所体现，他明确表示，希望利用这项技术更好地融合人类和人工智能。需要注意的是，我们在本章中讨论的不只是猜测，它们很有可能在未来十年内的商业中被逐步实现，但由于生物技术研究的不可预测性，我们还无法知晓能实现到何种程度。

增强物理控制

有些人能够以优雅的方式演奏小提琴，而在其他人手中，它

可能听起来更像一只垂死挣扎的猫。如果我们的脑袋里有一个芯片，可以通过编程更好地控制我们的身体，会怎么样？如果我们都能成为精湛的小提琴家或冲浪高手或雕塑家呢？这种设想的收入模式似乎显而易见：可以以年度、季度甚至月度的方式提供改进和定制服务。比方说我们可以在度假时租用不同的技能包，用完之后就可以舍弃，这样我们就无须用不必要的信息堵塞我们的大脑。

如果这种情况实现的话，奥运会运动员的检测是否需要包含检测这些提高能力的隐藏式大脑植入物？或者，体育界是否会接受这类改进，将体操比赛变成更接近于一级方程式的比赛，而不是其目前的状态：每个团队都会被分配特定的受密切监测的参数，并被允许在参数范围内发挥，但所有团队都受到严格的限制。

增强的物理系统显然也有军事用途。如今，一名英国士兵的基本训练费用约为 38000 英镑，特种兵或突击队员的费用则要更高。现有的数据十分有限，但据估计，一名美国特种部队士兵的训练费用高达 100 万美元。想象一下，如果一个士兵具备了基本的身体条件，那么更精细的徒手格斗训练就是一个简单的软件升级。用《黑客帝国》中尼奥的话说，"我会功夫"，确实如此。一个国家的军事储备情况将取决于其传承给士兵的软件包的先进程度。

自然而然，你会想要人工智能来指导这套增强的物理能力。这种形式的"人类 + 人工智能"混合系统在应用中相当微妙含蓄：

你不用将命令"告诉"你的四肢，你只需设想一些事情的发生，系统就会使其发挥作用。

传感系统

如果把芯片放入大脑，我们可以怎样来调整获得的感官输入？视觉和声音似乎是明显可以增强的领域。你可以在视觉上方增加一个平视显示器，显示器会为你显示出需要注意到的危险、障碍或重要数据。当你走进一个会议时，一份关于你会见之人的文件就已经准备好了，在需要的时候，显示器会提示所需信息。而增强听力则可以帮助我们更好地聆听管弦乐音乐会，或者在拥挤的聚会上帮助我们听清别人在和我们说什么。

就此而言，我们可以实现《银河系漫游指南》中的巴别鱼。人工智能可以实时理解进入我们耳朵的单词，并将它们翻译成我们的母语。再加上前面提到的物理系统的增强，我们可以更好地控制我们的舌头，我们可以用母语思考，同时能母语般流利地将思考的结果用外语表达出来。

但事情并不总是那么美好。目前，拥挤的餐厅或繁忙的大道满足了大众对于隐私的合理期望。但有了神经感应技术，这就不再有保障了。谷歌眼镜在原型设计期间就引起了公众和政治家的争议，他们认为这会让眼镜使用者监视其他人，而且眼镜的面部识别软件也打破了人群的匿名性特征。但至少人们可以看出来谁是谷歌眼镜的用户，而直接的神经植入物是不可见的，它隐藏在

视野之外，很难或不可能被发现。迄今为止，软件控制技术还有很多局限——虽然谷歌眼镜针对使用面部识别内置了保障措施，但它是少数被破解的工作方法之一。

记忆和思维增强

最终，研究人员不仅希望影响身体和感官，还希望利用人工智能与人类思维直接联系所产生的巨大力量。目前，通过连接神经植入物来提高人类记忆力的工作已经开始。

人类对于提高自身能力有着强烈的需求，他们希望能通过一些神奇的药丸，使自己立即成为天才——这就是《永无止境》（Limitless）电影系列的前提。大学学生为提高个人认知能力，已经在服用所谓的"聪明药"利他林，但这是一种错误的努力。科学研究表明，利他林除安慰剂效应之外没有任何好处，并且已经被证明对睡眠和需要承担风险的行为有不利影响。然而，如果有一种真正有效的方法来提高记忆力会怎么样？一些早期的人类实验结果已经显示出了希望：一项关于人工神经植入物的研究通过选择性地刺激海马体（海马体是与记忆有关的大脑结构），使受试者在短期记忆测试中的记忆力提高了37%。也许，在将来我们都能拥有更好的记忆力。

一旦我们对大脑有了更好的了解，我们就离植入记忆的更近了一步。有了植入记忆，你就可以在一个小时内学会所有的大学课程。但这种做法对大脑的影响，还有待研究。这其中的伦理学和道德控制问题，就更不用说了。我们如何管理人工记忆？如果父母中的一方在离婚时将虐待的虚假记忆植入一个易受影响的孩子体内，会怎么样？如果一个连环虐待者为了囚禁他们的受害者而消除了虐待的记忆呢？如果一个犯罪的主谋把杀人的记忆植入一个无辜的被骗者体内，会怎么样？

当我们为自己植入记忆和思想的时候，为什么不植入我们个人的人工智能呢？我们正通往这样一条道路上——在工作和家庭中，我们周围的网络和设备中分布着人工智能助理，那么我们为什么不直接将它们带在身上呢？如此一来，当我们走出一个会议室，准入进入下一个会议时，我们的人工智能可以准确地向我们显示所需信息，这样我们就能做好充分准备。或者，它也可以在我们通勤或锻炼时与我们一起工作，提高我们的生产力。

网络保护大脑

把所有这些技术丢进某人的脑袋里，只是在让敌对者有机会对它进行攻击。在小说《副本》中，战场上的战争是通过黑客攻击部队的大脑，造成幻觉和自残。如果我们将人工智能系统植入我们大脑，就要确保它们不容易受到外部影响。毕竟还有什么能比让对手接管你自己的大脑更可怕的呢？

网络安全是一个也许还没有得到足够重视的领域。最常见的模式是，管理层或政府在发生了安全事件后才关注网络安全。因为如果它安然无事，就没有人会注意到它，也就很难证明网络安

全预算支出的合理性。现在我们谈论的是把技术放进人们的脑袋里，为了让它发挥作用，我们就需要开辟方法让它与外部世界对话，与之同时，我们也在为黑客开放攻击的载体。大脑增强需要与大脑安全携手并进。想想电影《盗梦空间》以及其中荒诞的大脑安全（或者至少是梦境安全），在现实世界中，我们的大脑需要的可能就是更新的防病毒软件。有了这种技术，人类就需要有更大程度的技术和网络素养。目前，60% 的网络攻击是由于人为错误、人为行动或无所作为造成的，例如没有下载病毒更新软件或打开了钓鱼邮件。我们又如何能通过如大脑植入之类更复杂的技术来防止人类的无能和懒惰？

机械人的未来？

人类和机器组织融合的实验带领着我们去探索黑暗面。如果我们克隆了人类大脑组织，并把它放在带有"湿件"[①]人工智能芯片的浆液中会怎么样？也许一种新的人工智能可以在一个盒子里孕育出来，它既有合成智能的计算能力，又有人类智能的创造力。已经有人在做类似的事情——澳大利亚的一家初创公司 Cortical Labs 正在制造嵌入活体人类神经元的芯片。该公司认为，你不仅可以拥有性能更高的计算机，而且可以创造人工智能，以解决传统人工智能系统的一个主要问题：深度学习真的耗能严

———————

① 湿件：软件、硬件以外的其他"件"，即人类大脑。——编者注

重，相较之下，神经计算的能源成本可能会低得多。

除了上述可预见的技术，我们还需要考虑机器内人体组织的伦理问题和社会政治层面问题。是否应该有一个系统设置一定比例作为门槛：超过一定的比例，我们认为人机混合体是一个被机器技术增强的人；而低于一定的比例，它就是一个被人体组织增强的机器？这个界限是什么？是51%吗？还是40%？在一个拥有30%人类大脑的人工智能上进行实验的道德规范是什么？这场对话是否不可避免地为人工智能被承认拥有"人类"权利铺平道路？两个人工智能可以结婚吗？人工智能能否与人类结婚，进一步推进电影《她》中提出的观点？工作场所的规则如何制定？人工智能员工有年假吗？

立足现实

我在本章中为你介绍的神经增强技术都已经在实验室中以某种形式进行。该领域已成立了一些商业公司。但神经增强技术离广泛采用还有很长时间，这不仅因为该技术仍处于起步阶段，还因为我们人类还没有做好将一堆硬件装入我们的大脑的准备。

将人工智能和人结合起来的其他形式更加近在咫尺。我们在第10章谈到高绩效团队的秘密时就看到了它的影子。在下一章，也就是倒数第二章，我们将探讨团队的团队，以及团队的团队的团队，等等，如何通过人工智能，发挥集体智能的全部潜力，形成一个伟大的组织。

第 13 章
利用集体智慧与人工智能组织

几年前，我与一家大型管理咨询公司的高管进行了一次谈话：作为一个五万人的业务部门中，他们在六西格玛绩效方面已经相当出色，在大规模提供服务时错误率也很低。然而，他们还是发现，高层领导越来越难以解释每个实地部署中发生的问题。面对技术阻滞，也越来越难以对业务进行调整。整个部门有一种趋向于"群体思维"和远离"创新想法"的趋势。他们怎么才能让某个 25 岁初级工程师想出的好主意浮出水面？毕竟，这些工程师们才是与客户方同行进行交谈的人。

我做了一些结构分析：在那个业务部门中，大约有八千名经理坐在高层领导和初级工程师之间。最能理解客户需求和业务问题的员工，也就是每天奋斗在组织第一线的员工，却与最需要他们所拥有的信息的领导层相距甚远。

事实上，你并不需要人工智能系统来挖掘公司金字塔底部的信息。因为如果你建立了一个结构良好的创新计划，你就可以避

开传统的组织结构图，从而对公司的各个层面建立联系——至少
在创新方面是这样。在被戴尔公司收购之前，数据存储企业 EMC
曾经就有这样一个职能部门。他们每年能在公司内部管理五万多
个想法，并设置了专门收集和收获创新的流程。这种大规模的众
包式管理产生了一系列的新想法，有些想法非常简单但却非常有
用，比如一个有关销售工具的新想法就帮助公司在一年内增加了
1 亿美元的营业额。

隐藏网络

如果你想追求更微妙或更细微的信息呢？比方说，你想诊断
客户关系中出现的问题是什么，在哪里出现了问题。或者说，你
想利用所有来自员工的微小信号，来捕捉公司的动向。

在这种情况下，你需要准确性更高的手段来获取你团队的
知识和见解。为此，你需要一种方法连接来自公司各处的不同数
据，并对这些数据进行关联或推断，以便从一团噪声中提取出干
净的信号。

这就是人工智能可以调整团队的团队以及团队的团队的团队
的地方，它能帮助整个企业更顺利地运作，并且发掘出以前无法
获得的潜在能力。

大型企业还有一个特点，该特点可以通过使用无处不在的人
工智能系统得以放大。我在前篇中提到了我与航空巨头波音公司
的首席学习科学家里奇的谈话，其中讨论了关于存在隐秘组织结

构"影子网络"的观点。一个大型公司肯定会有一个正式的组织架构图，其中显示谁向谁汇报，整齐的方框和线条能够大致映射出机构的人力资本架构。

但实际上还会有一个隐藏的组织存在。它没有出现在任何架构图上，任何季度报告上也都看不到。而这就是公司的实际运作方式。

我一次又一次地发现，在大型企业中，有一批松散的中层管理人员（在美国公司中通常是总监级别的人物），他们在公司工作了很长时间，是真正使公司运营的人。他们会私下交换建议和好处，分享知识，推进项目。在他们之上的角色，比如副总裁和高级副总裁，则往往过于陷入管理或组织政治中。这些人有太多关于会议的会议。而在一个公司、一个机构中，当数百、数千或数万人的活动需要协调时，使之成为可能的就是这种中层管理人员的"影子网络"。在军队中，这些人通常是上士，而不是高级军官。

通过对话式网络人工智能与人类结盟，让这类人工智能系统充当你工作的帮手，可以明确这个人才网络，并在更大范围内开放整个公司的信息流和合作，从而达到更好的运营效果。

你甚至可能有因特殊需要而产生的暂时的组织架构。与真正的"矩阵"团队相比，这些都是短暂的、转瞬即逝的，在这些临时的组织中，有专家为一批同事提供指导，而在紧迫的需求过去后，这些组织成员又会恢复其先前的角色。正确的人工智能系统可以识别这些潜在的优秀人员、这些临时的进展队长，并在需要时激活他们（或至少将他们识别为公司中其他人寻求帮助的智囊团）。我们可以把这种影子网络用于激活整个组织的智力。

智能组织

麻省理工学院的彭特兰曾对我说过，可以让整个公司的集体智慧来预测一款产品是否会在运输中出现延误，或者预测未来一个季度的预期收入。除了像我们上面描述的那样简单地协调当前的情况，这个在人脑系统上运行的预测网络还将能够捕捉到渗透到日常工作结构中的无数小推论和事实——尽管每一个推论和事实本身都是无害的或无意义的，但当它们结合起来时，并且当观察这些信号的人被邀请预测它们对一些未来行动的意义时，它们就能对未来产生惊人的准确洞察力。

如今，这种情况也存在于对冲基金公司 WorldQuant 中。伊戈尔·图利钦斯基（Igor Tulchinsky）组建了一个由数千名终端专家组成的网络，他们产生的信息再由数百名量化师收集和分析。我曾听他说过，他产生了数千万个"信号"用来进行交易，这个数量很快就会达到数亿个。一个复杂的技术系统将所有这些联系在一起，但它的细节是严格保密的。不过，我大致了解到，这个系统由成千上万的专家研究不同的想法并提出交易策略，然后由数百名投资组合经理决定实际交易的内容。

现在想象一下这种类似的、被用来帮助机构成长的预测性传感器网络。人工智能公司不再局限于金融活动，它可以及早发现

趋势、预测问题，并比与之竞争的"哑巴"公司更迅速地采取行动。公司的所有部门都能够平稳地对新信息或新情况做出反应，如此一来，该公司就能在享受适应性的好处的同时，保持住结构化企业的凝聚力。在此过程中，员工个人仍然可以保留他们的自主权和个人创造力——事实上，通过我在本书前面提到的各种"人工智能教练"，支持人类的人工智能网络将增强和加速这种创造力。同时，这些有创造力、高绩效的员工将利用更广泛的社区力量来设想和实现未来。

想象一下，如果一个组织能够围绕自身问题进行自我组织，且不会造成混乱——人工智能提供无缝协调，人类提供直觉和解决问题的敏锐度，那么该组织在面对新出现的威胁和机会时反应会有多迅速。你不仅可以在一个大型公司内将高层管理的战略毫不费力地传递给包括边缘人员在内的所有员工，还可以收获及时且全面的反馈。这些处在边缘的感知"节点"可以识别问题或潜在的增长领域，交由人工智能快速评估，人工智能将其合成后提交给首席执行官，然后公司可以根据这些信息采取行动。

人工智能组织离我们到底有多远？我这个问题并不针对伊戈尔·图尔钦斯基或对冲基金经理雷·达里奥（Ray Dalio）等打破传统的天才在金融交易中的一次性实验。我是在世界上成百上千个最大型公司工作的数千万人的背景下提出这个问题的。就这一点而言，"大型"组织可能是虚拟的。数以亿计的独资企业或小型实体公司可以凝聚在一起，形成一个面向未来的分布式机械人，而不是只关注现在。

但在某些意义上，这类人工智能系统可能比你想象得更近。你已在这本书中阅读到了一系列已经在世界各地部署或即将部署的技术。所以，技术的赋能层，即使没有完全成熟，也肯定是存在的。那是什么阻碍了新型人类智能的转变？

卢德派的命令

有一些人有机会拥有获取技术的资源和使用技术的教育，也会顽固地抵制新技术。无论是由于惰性、无知、恐惧还是自我选择，他们都没有参与到人工智能革命中。在某些时候，人工智能可能会把他们抛在后面。但如果政府和公司将自己的方向定位在关注人工智能的未来，而忽略了被人工智能排除在外的人群，这将引发不公平和社会正义的问题。

如今这个时代，如果某人拒绝接受技术，我们就称他为卢德分子。这个词来源于 19 世纪初的卢德工人运动，也许是以学徒奈德·卢德（Ned Ludd）的名字命名的，据说他毁坏了一台织布机——那个时代的伟大新发明。工业革命使制造业中众多的非技术工人流离失所，他们因此反应激烈，并通过秘密社团来协调行动。新卢德派可能产生于冷漠，也可能产生于之前大规模技术革新浪潮中工业自动化取代人力的力量。人们发现，互联网上以技术为支撑的 QAnon 这一团体，就在仿效卢德派的思想。他们敌视变革，拥护极端主义和仇恨。他们利用脸书上的人工智能系统，传播有关 5G、疫苗以及他们反对的政治家倾向等一切错误信息。

在 21 世纪初，另一场取代劳动力的技术革命正在进行，而社会动荡正在加剧。我认为，与自动化相关的劳动力错位已经导致了政治动荡，而且所有迹象都表明，这种情况在短期内将继续下去。当我与一些世界顶级的资金经理交谈时，不止一个人指出，失业和收入平等是他们最关心的问题之一，在他们看来这类问题甚至比气候变化或其他问题更重要。

在大约 12000 年前，从我们最早的文明开始，在农业出现之前，我们就一直害怕黑暗中的怪兽。但如今，怪物不是从地图上标有"这里有龙"的部分出现，而是从硅芯片的凹槽中出现。这些新颖的人工智能系统代表着与我们的生活将与我们过去几十年所享受的生活方式的彻底背离。正如曝光效应所指出的那样，熟悉不会滋生蔑视，反而会滋生舒适——我们每天都知道和看到的东西是令人放松的；需要我们改变或尝试新事物的东西则会激发焦虑情绪。当人们面对损失厌恶（我可能在工作中被机器取代）和曝光的颠覆（我需要了解这个新事物，它不像我熟悉的旧事物）的双重恐惧时，感到焦虑是很自然的。在这种被恐惧所驱使的技术未来主义的镜头中，人工智能是来自黑暗的新怪物，它们来抢夺我们的工作，破坏我们的社会。

不过，有益的妄想也可能是有的放矢。

我们一起研究了某些种类的人工智能已经对世界产生的不良影响。考虑到人工智能问题答案的复杂性，以及人工智能被整合到生活各个方面的不可逆转性，谨慎也许是明智的。

我们如何才能减少对未知事物的焦虑？我们如何面对那些对

人工智能已经造成的和尚未造成的伤害而产生的恐惧？虽然这些恐惧是非常有益的。

政府如果运作得当，就能成为最没有能力的公民的剑和盾牌，为受伤的人报仇，保护弱者。我不认为政府参与是解决一切问题的方法。但在这种情况下，社会需要的东西超出了自由市场的能力范围。事实上，正如彭特兰在他的开创性著作《社会物理学》中指出的那样，亚当·斯密在两百多年前就写到，是看不见的手与集体行动有着错综复杂的联系，而不是神奇、独立而协调的个人力量。

政府应该如何应对人工智能的前景和风险？政府如何促进"人类＋人工智能"混合系统的融合，以创造一个更好的社会，而不是导致社会分裂的矛盾冲突？现在，我们将探讨选举和任命（和继承）官员对于解决该问题的作用，以及一些针对政府干预措施的建议。

第 14 章
政策和工作的未来：塑造更美好的明天

　　鉴于人工智能已经产生并预计将继续产生广泛的全球影响，我们也许不可避免地要考虑政府在对话中必须发挥的作用。毕竟，政府一直是人工智能革命的主要资助者。难道它不应该对其后代负责吗？

政府的口袋，政府的问题

　　图灵测试以测试人工智能模仿人类智能的能力而举世闻名。图灵是图灵测试的提出者，他在布莱奇利园的开创性计算机成果得到了英国政府的资助。但图灵又是一个相当悲剧性的人物，他既得到了国家的支持，又最终遭到了国家的诋毁。第二次世界大战期间，英国女王统治下的政府在获悉了他的同性恋身份的前提下，仍资助他创建了"炸弹"（Bombe），而他通过破解德国潜艇使用的恩尼格玛密码机，帮助英国赢得了战争。但随后，因其同性恋身份，政府又对图灵进行化学阉割，据说这一行为导致了图灵不久后自杀而亡。2009 年，英国政府终于为其 60 年前的行为进行道歉。

麻省理工学院可以说是世界上最顶尖的人工智能研究机构之一，就出版数量而言仅次于谷歌和斯坦福大学（牛津大学排名第九，剑桥大学排名第三十四），在第二次世界大战期间和之后的 70 多年时间里，其大部分预算都是由美国政府资助。2019 财年，麻省理工学院 7.74 亿美元的核心研究资金中，有 60% 来自美国联邦政府的资金。麻省理工学院的林肯实验室另外还有 11 亿美元资金，这也是一个政府专用的附属实验室。

当然，这些资金并非全部都用于人工智能研究，但有相当一部分是这样。这种具有催化作用的政府资本反过来又激活了私人资本，比如国际商业机器公司承诺捐赠 2.4 亿美元用于人工智能研究，史蒂芬·施瓦茨曼（Stephen Schwarzman）以自己的名义向麻省理工学院捐赠了 3.5 亿美元（此外，他又向牛津大学捐赠了1.5 亿英镑以支持人工智能伦理学研究）。

支撑人工智能获取、消费和交流数据能力的通信网络——互联网——诞生于 20 世纪 60 年代美国政府的一项研究项目。美国国防部高级研究计划局资助了阿帕网（Arpanet）的研究，它最终演变成了互联网和现代的万维网。这意味着一场由政府资助的革命实现了信息获取的民主化，重塑了多个行业，并重新定义了全球竞争力。

全球范围内，政府在人工智能研发上的支出持续增加。2019

年，英国政府透露其为一个国家人工智能实验室提供了 2.5 亿英镑的资金。美国智库新美国安全中心（CNAS）呼吁美国政府每年在人工智能上支出应超过 250 亿美元，这个数字是目前水平的 8~10 倍。而欧盟宣布希望到 21 世纪末在这方面的拨款能达到 200 亿欧元，比目前水平增加 10 倍。

有了这些用于人工智能研究的资金，政府不仅在道德上对人工智能的发展方向有发言权，而且还对其拥有直接的财政权利，不是吗？

设计人工智能的未来

值得称赞的是，世界各国政府并没有急于禁止人工智能。世界各地没有歇斯底里的、由暴乱引发的反对机器的民众起义，也没有对特定工作场所可使用的机器数量进行许可和配额。与卡梅隆关于人工智能引发第三次世界大战的最初设想相比，我们已经离审判日过去二十年了，但仍然没有发生机器引起的核武器大屠杀。虽然人工智能已经并将继续扰乱劳动力市场的构成以及企业和市场的行为，但它更像是一场缓慢的燃烧，而不是瞬间的电光石火。

政府在讨论中并没有缺席。虽然各国的反应大不相同，但决策者和监管者可以从几十年的计算机革命中得到经验。围绕如何管理互联网，以及关于管理电子商务或解决数字服务接入（"网络中立性"）等问题的讨论，虽然并不总是能成功地避免行业监管或独裁者的专制干预，但还是提供了一个蓝图，以平衡相互竞争的利益，为满足多种需求提供解决方案。

以欧盟为例，它采取了一种深思熟虑的方法来塑造人工智能的发展方向。欧盟国家一直在围绕人工智能制定一项泛欧战略，该战略旨在为公民创造更好和更健康的生活，为私营企业创造新的人工智能相关的经济价值，并带来从安全到可持续性的公共利益。

为了实现这一目标，多年来，他们通过与不同的利益相关者——从学术界到企业，从投资者到监管者，进行了一系列磋商。

欧盟一直遵循的模式是关注风险问题，只对人工智能的"高风险"应用进行严格监管。欧盟将"高风险"定义为在健康或司法等领域可能存在重大危害，并可能造成生命危险、伤害或歧视。据媒体报道，负责制定新规则的欧盟执行副主席玛格丽特·维斯塔格（Margrethe Vestager）对监管网飞的电影推荐或类似的消费者媒体应用不感兴趣。德国则表示，这些标准过于宽松，并在寻求更严格的监管方法。

给政府信箱的建议

政策制定者应该如何思考人工智能问题？政策与就业的未来，以及人工智能对民众会产生什么影响？

但政府并不是孤军奋战。一系列非营利、学术和私营部门团体也在寻求引导一个乌托邦式、乐观和持久的人工智能未来，而

不是肮脏、野蛮和短暂的未来。从世界经济论坛到 XPRIZE 基金会，从牛津大学和伦敦帝国理工学院到瑞典卡罗林斯卡学院和新加坡国立大学，从谷歌到 Gamalon，思想领袖们正在为了充满希望的未来进行创新。

有了这些努力，并在挖掘了一些思考这个问题的最聪明之人的集体智慧之后，我将提出一些政府可以采取的几个具体步骤，以创造人工智能积极的未来。

1. 点燃水晶球

迅速行动在当下可能无法做到。人工智能是一项复杂的技术，尽管它几乎已经渗透到了人类社会的方方面面，但监管机构仍然很难评估、更不用说预测人工智能和人工智能干预在金融市场、公共卫生、食品安全或能源和可持续性等关键领域的风险和影响。如果我们误解了人工智能模型并得出了错误的结论怎么办？如果因为我们对人工智能本身的运作方式了解不够，无法引导它走向正确的方向，那又该怎么办？

因此，政府似乎应该支持更好的工具和框架，赋予监管者和政策制定者权力。人工智能需要是可解释的，是的，甚至人工智能需要成为我们可以与之交谈的东西，不仅如此，人工智能还需要帮助我们理解不同选择的影响。政府人员的人工智能素养有助于政府做出更好的决策——至少在协助政府领导人了解问题的概念和性质层面上，因为有了足够的知识储备之后，政府人员就可以向人工智能专家提出正确的问题。

2. 投资国家人工智能安全

与核导弹和航空母舰相比，人工智能的成本很低。举例来说，美国的军事支出计划在 2021 年达到 7050 亿美元，而美国政府的人工智能支出拟为 50 亿美元左右。没错，地球上最富有的国家花在枪支和炸弹上的钱是人工智能的 140 多倍。然而，可以说，美国的传统对手对廉价人工智能系统的投资导致了美国国家安全、外交关系、健康和经济政策的改变。英国也是如此，但在更大的美国市场上，政策实施的效果更加明显。钱花在了最近的战争上，但未来却受到了网络战争的影响。

3. 促进人工智能伦理

有些政府在引入指导时能够深思熟虑，并推行关于人工智能伦理使用的实施框架，这比其他政府做得更好。我们在第 11 章中至少从概念层面汇总讨论了政府在人工智能方面的原则性做法。政府下一步需要进行广泛的、积极的教育工作，不仅帮助人工智能程序员，而且帮助商业领袖、政府官员和广大公民了解人工智能的伦理风险、要求和影响。

今天的掌权者，我们社会的领导者和塑造者，必须精通人工智能伦理，对人工智能有更深入的了解。为此，政府需要大规模地引入初级教育课程，以便未来的领导者有能力管理我们留给他们的世界。

4. 调用人类智能

我们能够影响的未来工作将取决于我们与人工智能和谐共处的能力，我之前提到的那个人工智能小伙伴将指引你前进，并在你面临逆境时帮助你。它可能不是一个单一的，与你、你的同事和你的社会共生的人工智能——它可能会是许多个人工智能。这种人工智能的生态系统，可以帮助能力有限的人类通信系统更好地相互作用，以识别、利用和发展积极的想法和行动；在相互协作中释放人类的创造力；加速解决人类最紧迫的一些问题的进展——同时也促进经济发展，以便为我们解决这些问题提供经济支持。

对积极政策的更广泛看法

当然，政府还可以采取其他行动，以促进我们所希望看到的"人类＋人工智能"混合系统的良性未来变成现实，而不是担心未来变得邪恶。政府可以对特定类型的人工智能系统的进一步研究和开发的项目投入资金，这些系统将引发一种新型的人机合作模式。而这类研发工作一般由一些私营部门来完成，私营部门会在商业现实中扩大这类系统的规模。政治家还可以利用他们的地位所提供的平台，让民众相信"好的"人工智能的好处，并激发创新者的想象力。

干预措施是多种多样的，从国际标准和政策差异化到对违反现有法律的人工智能系统采取执法行动，从建立监管机构到识别和关注"人类 + 人工智能"混合系统影响最大的关键行业。以上这些并未详尽，我相信还有其他更多措施，比如追求更加严格的刑事人工智能系统不仅包括事后惩罚，还包括预防性教育和干预，以在不良行为者扩大行动规模之前抑制他们。

但重要的是，政府不仅要优先考虑国家竞争力（这是一个有价值的目标，通过创造就业机会和经济发展来促进繁荣），而且要在战略上塑造"人类 + 人工智能"混合系统的积极方向。围绕这些"人类 + 人工智能"混合系统应该是什么样子，各国政府可以而且也应该召集整个社会的不同利益方一起确立价值观体系，实施国家和国际政策，倡导我们想要的未来，而不是等待我们被赋予的未来。

对于政府的关注重点和国家财政来说，有无数需要关心的事。从流行病到经济复苏，从气候变化到国家竞争力，从地缘政治到教育危机，领导人和政府工作人员都在努力解决其他紧急和迫切的问题。尽管上述问题迫在眉睫，但如果我们任由无拘无束的自由市场及其驱动的自动化来剥夺我们大多数人的权利，那么更多令人担忧的事情就会出现。同样值得考虑的是，欠发达国家面临的人工智能自动化负担是为最沉重的。如果我们想要一个公平公正的未来，我们就不能抛弃地球上最贫穷的国家，来让最富有的国家轻松自如。

目前我们迫切需要一个合理且主动的人工智能政策观点。即使我们吸取了近年来的教训，人工智能和政策问题仍在以惊人的

速度发展。研究人员瑞恩·艾伯特（Ryan Abbott）最近在其《理性机器人》（*The Reasonable Robot*）一书中指出，人工智能不纳税。在全球范围内，政府的税收政策都导致了人工智能工作的错位，因为你为员工交税，而不是为机器交税。为了跟上人工智能和政策快速发展的世界，政府官员既需要在政府机构内部提升有关素养（以便决策制定者更好地了解他们正在做出的决策），也需要与学术界和工业界建立更紧密的联系（以便政府能够随时了解威胁全球稳定或下一个引发全球增长的新发展）。

创造新生态

我将引用和改编约翰·肯尼迪 1962 年 9 月 12 日在莱斯大学著名的"月球演讲"中的一些话，因为当时全世界都在考虑追求太空旅行所面临的问题，而如今在我们追求人工智能创新时，在我们拥抱未来的工作和社会时，这些问题同样适用。

让我们一起想象一下，肯尼迪现在正在发表演讲，讲述人工智能创新之火可以点燃繁荣，点亮希望的灯塔，并在人类伦理的约束下得到淬炼：

我们处在一个充满变化和挑战的时刻，一个充满希望和恐惧的十年，一个知识和无知并存的时代。我们的知识越多，我们的无知就越多。

尽管有这样一个惊人的事实，即享誉世界的科学家仍在辛勤工作……但未知的广阔空间、未能回答的问题以及未能完成的工作仍然远远超出了我们所有人的理解范围。

人工智能的创新以惊人的速度到来，但这样的速度难免会在驱散旧的，抑或是新的无知、新的问题以及新的危险时产生新的弊病。

我们选择创造新的生态，拥抱人工智能和人类和谐合作，以滋养出一个更好的社会，不是因为这很简单，而是因为这很困难，也是因为这一目标可以有助于统筹和测试我们最为顶尖的技术和力量，也是因为这个挑战是我们乐于接受的，是我们不愿推迟的，是我们为了改善我们的世界而必须追求的。

未来近在咫尺，我们要拥抱它，还要拥抱随之而来的对知识与和平的新希望。

我们在这片新的海洋上起航，是因为有新的知识要获得，有新的权利要赢得，而且必须为了全人类的进步而赢得。

人工智能是好是坏，全由我们人类决定。

🐵 总结

　　如果你接受了我在这本书中提出的这些乐观且谨慎的观点，你可能会同意，人工智能时代的工作前景是充满希望的，而不是暗淡无光。你的职业生涯可以通过人工智能获得提升，助你成功、创新和发达。

　　但同时，你也应该关注到人工智能带来的风险，有这本书在手，你便拥有了个中原因的佐证。

　　你应该对人工智能拥有全新的认识——不仅关于人工智能能使你更好地完成工作及与人合作，还关于如何决定人工智能的用途，助力你的事业和公司，以及影响社会和世界的方方面面。

　　我所从事的是希望事业。选择作为一个未来主义者，那就需要推断当前的趋势、发明和人类的意愿，并将其与我们在商业和社会中可能的走向联系起来。我还提出了一些工具，使这个充满希望的未来成为可能。但我不只是谈论可能发生事情的未来学家，还是一个战略家，我会向你提出使用人工智能的建议，以及使用它的方法。

如果选出一个我想让你从这本书中带走的想法，那就是希望与责任并存。人工智能可以为人类、商业和你的工作创造一系列新的好处。这不是会自动发生的事情，但这是你可以参与促成的事情。

我们无论作为社会整体还是个人，都能发挥自身作用，提升职业前景，赢在人工智能时代。

致谢

多亏了凯蒂·麦克斯坦纳（Katie Maksteiniks）和阿黛尔·贾沙里（Adele Jashari）在研究方面的鼎力相助，这本书才得以顺利完成。此外，贝丝·波特、桑迪·彭特兰和乔斯特·邦森等合作者以及同行本·维戈达、桑吉夫·沃赫拉和阿拉姆·萨贝迪的文稿也为我带来了大量灵感。编辑汤姆·阿斯克（Tom Asker）再次协助我打磨书稿，提高了整本书的逻辑性和结构性。为了抽出时间尽快完成这本书的编写，我不得不经常调整日程，而埃斯特学习（Esme Learning）团队对此也一直予以理解和支持。在我心烦意乱之时，顶级执行教练德纳·特雷克斯（Dena Trekes）临危受命并提供支持，让我得以集中精力完成书稿的编写。还有诸多其他朋友也贡献了大大小小的想法。

最后，亲爱的读者，我也非常感激你们愿意用宝贵的时间与我共同探讨这个我认为至关重要且妙趣横生的话题，衷心希望你们能在阅读本书的旅程中享受到快乐！